Kaffeeröstung und Quenchkühlung

Zur Wechselwirkung zwischen Wärme- und Stofftransport und veränderlichen Materialeigenschaften

Vom Promotionsausschuss der
Technischen Universität Hamburg-Harburg

zur Erlangung des akademischen Grades
Doktor Ingenieur (Dr. Ing.)
genehmigte

Dissertation

von
Martin Frhr. v. Blittersdorff

aus
Hamburg

2010

Bibliografische Information der Deutschen Nationalbibliothek
Die Deutsche Nationalbibliothek verzeichnet diese Publikation in der Deutschen Nationalbibliografie; detaillierte bibliografische Daten sind im Internet über http://dnb.d-nb.de abrufbar.

1. Aufl. - Göttingen: Cuvillier, 2010

Zugl.: (TU) Hamburg-Harburg, Univ., Diss., 2010

978-3-86955-339-9

1. Gutachter:	Prof. Dr.-Ing. R. Eggers
2. Gutachter:	Prof. Dr. H. K. Cammenga
Prüfungsausschussvorsitzender:	Prof. Dr. Dr. h.c. F. Keil
Tag der mündlichen Prüfung:	4. Dezember 2009

Nonnenstieg 8, 37075 Göttingen
Telefon: 0551-54724-0
Telefax: 0551-54724-21
www.cuvillier.de

1. Auflage, 2010
Gedruckt auf säurefreiem Papier

978-3-86955-339-9

Kaffee ist nicht ganz so schwarz wie Erde,

so formulierten Freunde und Familie im Gesang zu meinem dreißigsten Geburtstag im August 2006 ihr Verständnis vom Röstkaffee, zu dessen Vertiefung und Differenzierung die nunmehr vorliegende Arbeit möglicherweise noch das eine oder andere beitragen kann.

Die Grundlagen dazu hatte ich in den vorangegangenen Jahren im Institut für Thermische Verfahrenstechnik der Technischen Universität Hamburg-Harburg, in der Arbeitsgruppe Wärme- und Stofftransport unter der Leitung von Herrn Prof. Dr. Ing. Rudolf Eggers erarbeiten dürfen, in gemeinschaftlichen Projekten mit dem Institut für theoretische und physikalische Chemie der Technischen Universität Braunschweig unter der Leitung von Herrn Prof. Dr. Heiko Cammenga. Beiden danke ich vielmals für die kritische Begleitung, anregenden Diskussionen und letztlich die Begutachtung meiner Arbeit. Für die Einordnung und Koordinierung des Forschungsvorhabens im Sinne der industriellen Röstkaffeeherstellung danke ich sowohl für ihren persönlichen Einsatz als auch stellvertretend für die projektbegleitende Industrie den Ausschussvorsitzenden Herren Dr. Jochen Wilkens und Dr. Ingo Lantz.

Herr Prof. Eggers hat durch besonderes Interesse für die entsprechende Prozesstechnik und letztlich auch eine gewisse Unnachgiebigkeit zum Gelingen speziell dieser Arbeit beigetragen. Auch im allgemeinen schafft er durch die Einbindung in andere Projekte, Aufgaben und in die Gemeinschaft des Hochschulinstituts abwechslungsreiche und anregende Arbeitsbedingungen.

Besonders wichtig sind in dieser Hinsicht die Kollegen, die zwar unaufdringlich, aber doch bemerkenswert großzügig und selbstverständlich mit Interesse und Hilfestellung, mit Diskussionsfreude und Ideen, allem voran jedoch mit Zusammenhalt und Freundschaft umzugehen wussten. Besten Dank! Thies Langmaack, Philip Jaeger und Matthias Hobbie für die Anleitung und das Anvertrauen von Teilen, beziehungsweise ganzen Forschungsvorhaben, und somit die Integration in die Arbeitsgruppe. Susanna Voges zunächst für ihren wesentlichen Beitrag in Form ihrer Diplomarbeit, dann für ihr ebenso preiswürdiges Engagement für viele gemeinsame Interessen von Musik bis Sport. Bastian Arendt für die wunderbare Erfahrung, dass der Alltag im Büro kein Hindernis, sondern vielmehr Wegbereiter zu besonderer Verbundenheit und Freundschaft sein kann. Pablo Zacchi und auch seiner Frau Mariana Acha für die festen Umarmungen und ihre Offenheit und Freude am Austausch von Sprache und Kultur. Michael Müller für die Erkenntnis, dass das gleiche auch bei *relativ* geringen Entfernungen der Heimatorte funktioniert. Besten Dank überhaupt allen, die auch nach so langer Zeit meiner Einladung zur Feier des Erreichten folgen mochten – aber natürlich auch denen, die es nur aus gutem Grund nicht konnten – und der guten Erinnerung ein weiteres, unvergessliches Erlebnis zufügten.

An einen von ihnen, Alejandro Ambrogi, und auch an einen unserer Studierenden, Stefan Kruse, denke ich besonders. Beide hatten an der Schaffung der hier geschilderten Atmosphäre großen Anteil, bevor sie jeweils durch tödliche Unfälle aus dem Leben gerissen wurden. Wenn es auch solch trauriger Anlässe nicht bedurfte, ist es doch konsequent und hoch zu schätzen, dass sie die Arbeitsgruppe und ihre Ehemaligen zusammenrücken lassen.

Mit ihren Studien- und Diplomarbeiten im Bereich der Kaffee- beziehungsweise Lebensmittelverfahrenstechnik haben mich neben Susanna Voges auch Tim Zielke, Jaane Klaffs, Jan Schröder, Till Brüggemann und Jessica Schreiber sehr unterstützt. Ihnen und den studentischen Hilfskräften Stefan Kruse, Antje Oltersdorf, Anna Balke und Anke Galleiske rechne ich besonders hoch an, dass das das geduldige, gewissenhafte und systematische, jeweils sehr erfolgreiche Erarbeiten von entsprechenden Teilbereichen ihre generelle Begeisterung für die Röstkaffeeherstellung nicht schmälern konnte.

Nicht nur der Alltagsbezug des Forschungsgegenstands Röstkaffee bot auch meiner Lebensgefährtin Susanne Möller sowie meiner und ihrer Familie immer Grund, sich für meine Arbeit zu interessieren und mich darin zu bestärken. Sie hatten seinerzeit auch Schokolade und Olivenöl nicht verschmäht, aber eben auch ohne all dies sind ihre Liebe, Geduld und ihr Dasein immer Freude und Hilfe. Auch wenn die Prozessentwicklung und Herstellung von Röstkaffee nach wie vor im Mittelpunkt meines beruflichen Interesses steht, bleibe ich dankbar und einverstanden, dass sie relativieren: "Kaffee ist nicht ganz so schwarz wie Erde."

Lausanne, am 21. Mai 2010 Martin v. Blittersdorff

Inhaltsverzeichnis

Nomenclatur

Abkürzungen

d.b.	dry basis, bezogen auf die Trockenmasse	
DSC	differential scanning calorimetry / dynamische Differenz-Kalorimetrie	
endo	endotherm	
exo	exotherm	
FDM	Finite Differenzen Methode	
FEM	Finite Elemente Methode	
HTST	high temperature short time	
Kont.	Kontakt	
lam	laminar	
LTLT	low temperature long time	
orgRV	organischer Röstverlust	%
r.F.	relative Feuchte	%
RK	Reaktionskalorimetrie	
RV	Röstverlust	%
TS	Trockensubstanz	%
turb	turbulent	
w.b.	wet basis, bezogen auf die feuchte Masse	

Formelzeichen

A	Oberfläche	m^2
α	Wärmeübergangskoeffizient	$\frac{W}{m^2 \cdot K}$
a_w	Wasseraktivität	-
β	Stoffübergangskoeffizient	$\frac{m}{s}$
c_p	spezifische Wärmekapazität	$\frac{J}{kg \cdot K}$
d_{32}	Sauterdurchmesser	μm
D	Diffusionskoeffizient	$\frac{m^2}{s}$
d_V	Äquivalenzdurchmesser der volumengleichen Kugel	m
E_A	Aktivierungsenergie	$\frac{J}{mol}$
ε	Porosität	
g	Gravitätskonstante	$9,81 \frac{m}{s^2}$
H	Reaktionsenthalpie	$\frac{kJ}{kg}$
ΔH_O	oberer Heizwert	$\frac{MJ}{kg}$
$k(T)$	Reaktionsgeschwindigkeitskonstante	
λ	Wärmeleitfähigkeit	$\frac{W}{m \cdot K}$
m	Masse	kg

M	Molmasse	$\frac{g}{mol}$
ν	Viskosität	$\frac{m^2}{s}$
p	Druck	Pa
$\dot{q}$	Wärmestromdichte	$\frac{W}{m^2}$
r	Radius	m
ρ	Dichte	$\frac{kg}{m^3}$
R	universelle Gaskonstante	$8,314\ \frac{J}{mol \cdot K}$
S_V	volumenspezifische Oberfläche	$\frac{m^2}{m^3}$
t	Zeit	s
Θ	Kontaktwinkel	$^\circ$
T, ϑ	Temperatur	K, °C
$\dot{V}$	Volumenstrom	$\frac{m^3}{h}$
V	Volumen	m^3
w_m	Monolayer, i.e. einschichtige Wasserbeladung	$\frac{g}{100\ g}$ d.b.
$\dot{W}$	Wärmequell- und senkenterm	$\frac{kJ}{kg}$
x	Feuchte	% w.b.
ξ	Reaktionsumsatz	
X	Feuchtebeladung	$\frac{kg}{kg}$ d.b.
Indices		
∞	unendlich	
a	außen	
B	Bohne	
D	Dampf	
eff.	effektiv	
eq.	Gleichgewicht	
G	Heißgas	
i	innen	
K	Kühlung	
R	Röstung	
U	Umgebung	
W	Wasser	
Kennzahlen		
Ar	Archimedes-Zahl	
Bi	Biot-Zahl	
Nu	Nusselt-Zahl	
Pr	Prandtl-Zahl	
Re	Reynolds-Zahl	

I. Abstract

Zur Bestimmung des Temperaturfelds in der Kaffeebohne bei Röst- und Quenchvorgängen wurden deren Stoffdaten, sowie ferner der Einfluss verschiedener Prozessparameter auf den Wärme- und Stofftransport und das Röstergebnis experimentell ermittelt. Darauf aufbauend entstand zur Berechnung des instationären Temperaturfelds ein halb-empirisches Modell, durch das der Einfluss wesentlicher Materialeigenschaften und Prozessparameter auf den Röstverlauf deutlich wird.

With the objective of revealing the temperature profile inside a coffee bean during the roasting and quenching processes, its' physical properties and the influence of different processing parameters on the heat and mass transfer were analysed experimentally. Based on the physical data, the transient temperature profile was calculated by means of a semi-empirical model, which clarifies the influence of some decisive material properties and processing parameters on the roasting process inside the bean.

II. Zusammenfassung

Mit dem Ziel der Bestimmung des Temperaturfelds und des Wärmetransports bei Röst- und Quenchvorgängen in Kaffeebohnen verschiedener Provenienzen wurden deren Stoffdaten, sowie der Einfluss verschiedener Prozessparameter auf den Wärme- und Stofftransport und das Röstergebnis experimentell ermittelt. Dabei wurde in verschiedenen Röstarten die Wärmeübertragung mit und ohne erzwungene Konvektion angewendet. Der nachfolgende Quenchprozess erfolgte mit Luft oder Wasser unter Variation von dessen Masse und Temperatur.

Neben Wassergehalt, Einbrand, Volumenexpansion und Scheindichte der Kaffeebohnen wurden insbesondere die thermophysikalischen Eigenschaften und Röstreaktionen untersucht. Die Wärmeleitfähigkeit nimmt im Verlauf der Röstung von 0,18 $\frac{\mathrm{W}}{\mathrm{m \cdot K}}$ auf etwa 0,11 $\frac{\mathrm{W}}{\mathrm{m \cdot K}}$ ab. Auch die Wärmekapazität sinkt mit steigender Temperatur. Die wahre spezifische Wärmekapazität wird durch zunächst endotherme Verdampfung der Feuchte, und später exotherme Röstreaktionen überlagert, deren Größenordnung 130 $\frac{\mathrm{kJ}}{\mathrm{kg}}$, beziehungsweise 240 $\frac{\mathrm{kJ}}{\mathrm{kg}}$ – 360 $\frac{\mathrm{kJ}}{\mathrm{kg}}$ beträgt. Größenordnung und Kinetik beider Reaktionen sind stark von Partikelgröße und Temperaturänderungsraten abhängig. Aufgrund der geringen Wärmeleitfähigkeit kommt es während der Röstung, abhängig vom Röstverfahren bzw. der Art der Wärmeübertragung, zu Temperaturunterschieden von mindestens 50 Grad in der Kaffeebohne.

Die Abkühlung durch spray quenching führt aufgrund immer wieder auftreffender und an der Oberfläche verdampfender Tropfen zu sehr schneller Abkühlung der Röstkaffeebohnen. Dies gilt insbesondere auch für warmes, damit leichter verdampfendes Wasser. Hohe Umgebungs- und Wassertemperaturen erhöhen die Benetzbarkeit, so dass deren geringeres Kühlvermögen partiell kompensiert wird. Auch die Wiederbefeuchtung des Röstkaffees, durch Stofftransport dampfförmigen und/oder flüssigen Wassers in die Kaffeebohnen hinein, wird bei gleichen Wassermengen durch eine Temperaturerhöhung des Wassers begünstigt. Für diese Befeuchtung wurde ein effektiver Diffusionskoeffizient zu $1,46 \cdot 10^{-5}$ $\frac{\mathrm{m}^2}{\mathrm{s}}$ bestimmt. In der dem Quenchprozess folgenden Ruhezeit sind die Veränderungen der mechanisch-physikalischen Eigenschaften von wassergekühltem Röstkaffee umso geringer, je höher die Wassertemperatur war.

Auf der umfangreichen Basis von Stoffdaten und Transportkoeffizienten aufbauend wurde zur Berechnung des instationären Temperaturfelds während des Röst- und Quenchprozesses ein physikalisch begründetes, halb-empirisches Modell erstellt, durch das der Einfluss wesentlicher Materialeigenschaften und Prozessparameter auf den Temperaturverlauf verdeutlicht wird. Demnach sind vor allem die Temperatur des Röstgases entscheidend, sowie Größe und Geometrie der Kaffeebohnen, die darin enthaltene Feuchte, und das Potential der endothermen Verdampfung und der exothermen Röstraktion, den Temperaturanstieg insgesamt zu dämpfen beziehungsweise zu beschleunigen. Gegebenenfalls können die Temperaturunterschiede zwischen der Oberfläche und dem Inneren einer Kaffeebohne während der Röstung auch 100 Grad übersteigen.

Summary

With the objective of revealing the temperature profile and the heat transfer inside coffee beans from different proveniences during the roasting and quenching processes, their physical properties and the influence of different processing parameters on the heat and mass transfer were analysed experimentally. Different roasting processes were conducted with and without forced convection. Subsequent quenching was performed using air and water at different mass and temperature.

In addition to the water content, mass reduction, bean structure, volume expansion and apparent density of the coffee beans, the focus lay on analysis of the thermo-physical properties and the roast reactions. Heat conductivity is reduced from 0,18 $\frac{W}{m \cdot K}$ *to 0,11* $\frac{W}{m \cdot K}$ *approximately. The effective heat capacity decreases with increasing temperature. It is superposed by first endothermic evaporation of the moisture, and later exothermic effects during roasting. They were quantified to 130* $\frac{kJ}{kg}$, *and 240* $\frac{kJ}{kg}$ – *360* $\frac{kJ}{kg}$ *respectively. Quantity and kinetics of both reactions depend strongly on the particle size and the rate of the temperature change. Due to the low thermal conductivity and as a consequence of the roasting process, thus the type of heat transfer, temperature differences of more than 50 degrees inside the bean may occur.*

Cooling by spray quenching is noticeably fast, for reason of repeatedly impinging and evaporating of droplets at the surface. Even water at a higher temperature, which means higher evaporation rates, results in a fast cooling of the roast coffee. Higher temperature of both gas and liquid improve the wettability, so that a lower cooling power is partially recompensated. Using the same amount of water, the remoistening of the coffee bean by mass transfer of water vapour and/or liquid into the bean matrix is enhanced as well with higher temperature of the applied water. For moistening of the coffee, the effective diffusivity coefficient was found $1,46 \cdot 10^{-5} \frac{m^2}{s}$. *In the resting period following the quenching process, the changes of the mechano-physical properties of water cooled coffee are smaller, the higher the temperature of the quenching water.*

Based on the physical data, the transient temperature profile during roasting and quenching within a coffee bean was calculated by means of a physically founded, semi-empirical model, which clarifies the influence of some decisive material properties and processing parameters on the temperature profile inside the bean. In particular, it shows the influence of the gas temperature, the bean size and geometry, its' humidity, and the potential of the endothermic and exothermic reactions to damp, or accelerate the temperature rise respectively. The temperature difference between core and surface of the bean can eventually exceed 100 degrees during roasting.

1. Hintergrund und Zielsetzung

Durch den Röstprozess von Kaffeebohnen entstehen das gewünschte Kaffeearoma, die braune Färbung und die Zusammensetzung der wasserlöslichen Substanzen des Röstkaffees. Das Röstverhalten ist dabei abhängig sowohl von den Prozessparametern als auch von den veränderlichen Feststoffeigenschaften. Die vorliegende Arbeit soll über den Zusammenhang von Wärmetransport und Temperaturverteilung in Kaffeebohnen und deren physikalischen Eigenschaften Aufschluss geben. Beim Rösten werden die grünen Bohnen je nach Prozess 2 - 12 min auf Temperaturen von 200 - 300 °C erhitzt. Prinzipiell stehen in der Kaffeebohne dabei hohen Wärmekapazitäten niedrige Wärmeleitfähigkeiten gegenüber. Für den Röstprozess bedeutet dies, dass einerseits viel Energie nötig ist, um den Kaffee auf Rösttemperatur aufzuheizen, andererseits treten hohe Temperaturunterschiede über den Bohnenquerschnitt auf. Das zeitliche Temperaturprofil in der Bohne ist entscheidend für die Aromabildung und damit den Geschmack des Produktes. Es wird durch den Wärmeübergang aus dem umgebenden Röstgas, sowie durch Wärmeleitung, Wärmequellen und -senken und Stofftransport im Inneren der Kaffeebohne, ferner deren veränderliche Stoffdaten einschließlich der Geometrie beeinflusst. Seine Berechnung ist insbesondere aufgrund der auftretenden endothermen und exothermen Vorgänge sowie der sich verändernden Bohnengröße erschwert.

Am Ende der Röstung von Kaffeebohnen, wenn der gewünschte Röstgrad erreicht ist, wird die Kaffeecharge gekühlt. Diese erzwungene Kühlung mit kalter Luft oder Wasser, die als Quenchen bezeichnet wird, ist notwendig, um den Röstkaffee in dem momentanen Röstzustand zu erhalten, indem die in der Bohne bei hohen Temperaturen ablaufenden exothermen Röstreaktionen durch Temperaturabsenkung abgebrochen werden. Der Quenchprozess beeinflusst die Kaffeequalität dadurch, dass der geringen Wärmeleitfähigkeit in der Kaffeebohne große Wärmeübergänge an ihrer Oberfläche entgegenstehen, was zu Inhomogenitäten bezüglich des Röstzustands und damit zu einer inhomogenen Röstqualität führen kann. Darüber hinaus findet bei Quenchen mit Wasser ein Stofftransport in die Kaffeebohne hinein statt, der zu einer begrenzten Erhöhung des Wassergehalts der Kaffeebohne führt. Die Homogenität und der Feuchtegehalt beziehungsweise die Feuchteverteilung in einer Kaffeebohne beeinflussen die Mahlbarkeit des Röstkaffees. Da bei unterschiedlichen Feuchtebereichen in der Kaffeebohne stark abweichendes Bruchverhalten mit dementsprechend unterschiedlichen Korngrößen auftreten kann, wird eine in Rösterkreisen als Ruhe- oder Temperierzeit benannte Verweilzeit zwischen dem Quench- und dem Mahlprozess eingehalten, in der sich Feuchtegradienten innerhalb der Kaffeebohne wieder ausgleichen können. Die Korngrößenverteilung des aus dem Mahlprozess hervorgehenden Kaffeemehls ist ein wichtiges Qualitätskriterium hinsichtlich der nachfolgenden Extraktion.

Die Komplexität dieser Prozesse sind der Wissenschaft Anreiz, und die wirtschaftliche Bedeutung dem Maschinenbau für Röstanlagen, sowie den Kaffeeröstern Grund und Anlass zur fortwährenden Durchführung bzw. Begleitung industrieller Gemeinschaftsforschung. Zwei der gemeinsamen Forschungsvorhaben der Technischen Universitäten Hamburg – Institut für thermische Verfahrenstechnik, Wärme- und Stofftransport, und Braunschweig – Institut für physikalische und theoretische Chemie, zielten auf ein grundlegendes Verständnis der entsprechenden Vorgänge in der Kaffeebohne, sowie darauf, den Einfluss verschiedener Prozessparameter der Röstung und Kühlung auf die Eigenschaften von Röstkaffeechargen im Hinblick auf eine Optimierung des Produktionsprozesses zu ermitteln. Aufbauend auf Ergebnissen experimenteller Untersuchungen geht die vorliegende Arbeit wesentlich unter folgenden Aspekten auf die Röstung, Quenchkühlung, und die thermophysikalischen Eigenschaften des Kaffees ein:

- Einflussgrößen und Transporteffekte,
- Interdependenz von Wärme- und Stofftransport und verschiedenen Prozessführungsarten,
- Modellbildung und Berechnungen.

Insbesondere wurden im Rahmen des Forschungvorhabens die veränderlichen Parameter untersucht und beschrieben, die das Temperaturprofil im Inneren einer Kaffeebohne beeinflussen. Unter Einbeziehung auch der thermischen Analyse von Kaffeebohnen und Mahlkaffee ist eine Basis für mathematische Modellierung und Berechnungen entstanden, mit denen nicht nur das veränderliche Temperaturfeld, sondern auch die mit diesem einhergehende Veränderlichkeit weiterer, physikalischer Materialeigenschaften während unterschiedlich ausgeführter Röst- und Quenchprozesse vorausbestimmt werden kann. Dies soll der Optimierung beider Prozesse vor allem hinsichtlich der Homogenität des Röstgrads im Innern der Kaffeebohnen dienen.

Gerade aufgrund der notwendigen Beschränkung auf den vorgenannten Teilaspekt erhebt diese Arbeit keinen Anspruch auf Vollständigkeit hinsichtlich der Beschreibung der Röst- und Quenchvorgänge, wie sie in grundlegenden Darlegungen unter anderen bei Clarke [Cla87], Eggers [Egg01], Illy [Ill04], oder Rothfos [Rot05] zu finden ist. Sie ist vielmehr als Ergänzung zu sehen, gerade im Hinblick auf die parallel an der Technischen Universität Braunschweig von Fischer [Fis05] durchgeführten Untersuchungen der physikalisch-chemischen Veränderungen. An der Eidgenössisch Technischen Hochschule Zürich wurden von Schenker und Geiger [Sch00a, Gei04] vor allem die Entwicklung der Morphologie und Struktur, einschließlich deren Einfluss auf die Entgasung von Kaffeebohnen und die Entwicklung von Aromakomponenten während des Röstens untersucht. Ebenda wurden entsprechende Untersuchungen von Baggenstoss [Bag08] auch auf den Quenchprozess ausgeweitet. Mit der Temperaturführung während der Röstung, gerade auch unter Einbeziehung der energetisch relevanten Vorgänge in den Kaffeebohnen beschäftigten sich sowohl Schwartzberg [Sch02] an der Universität von Massachusetts, als auch teils darauf aufbauend Heyd und Hernandez [Her02] an der französischen ENSIA. Diese Arbeiten gründen wesentlich auf einer vereinfachten Beschreibung der Röstvorgänge und der Wärmeübertragung an eine Kaffeeschüttung unmittelbar zum Zweck der Deutung, Berechnung und Steuerung der Produkttemperatur während der Röstung in industriellen Röstanlagen wie Trommelröstern [Her07] und spouted bed Röstern [Hey07]. Die vorliegende Arbeit geht insofern über diese hinaus, als hier vielmehr die einzelne Kaffeebohne im Mittelpunkt steht. An Berührungspunkten mit den vorgenannten Arbeiten wird auf diese nochmals eingegangen.

Als Grundlage für entsprechende Ausführungen wird zunächst auf die Entstehung von Röstkaffee, sowie die Vorgänge und Zusammenhänge bei der Röstung und Quenchkühlung in Bezug auf Prozesstechnik und Produkteigenschaften von Kaffeebohnen im allgemeinen eingegangen.

2. Grundlagen

2.1 Vom Kaffeegürtel zur Rösterei

Der Ursprung des Kaffeebaums liegt vermutlich in Äthiopien, wo dieser bereits in der Frühzeit existiert haben soll. Die Frucht des Kaffeebaums ist die Kaffeekirsche, die in sieben bis neun Monaten aus der befruchteten Kaffeeblüte entsteht. Unter ihrem Fruchtfleisch, der Pulpe, sind in der Regel zwei Samen enthalten, die sogenannten Kaffeebohnen. Sie sind gelb- bis grünlich grau und in ihrer Form als Rohkaffee ungenießbar. Erst durch die Röstung, von der angenommen wird, ihre Vorzüge seien erstmals infolge eines Buschbrands zufällig entdeckt worden, können die Kaffeebohnen veredelt werden, bilden sich Aromen und lösliche Stoffe, die die Zubereitung eines Kaffeegetränks erlauben. Dieses findet erstmals im 15. Jahrhundert Erwähnung, woraufhin der Kaffeeanbau zunächst im arabischen Raum weite Verbreitung erfuhr. Im 17. Jahrhundert gelangte der Kaffee nach Europa, wo sich insbesondere die Hafenstädte wie Hamburg schnell zu Zentren der Kaffeekultur und des Kaffeehandels entwickelten. Die nunmehr zunehmende weltwirtschaftliche Bedeutung und vor allem auch die Kolonialisierung bewirkten, dass die Kaffeepflanze in allen für den Anbau geeigneten Ländern Einzug hielt und seitdem auf vier Kontinenten systematisch kultiviert wird.

Der Anbau der anspruchsvollen Kaffeepflanze erfolgt optimalerweise im Hochland der tropischen Zonen in 55 Breitengraden rund um den Äquator, dem sogenannten Kaffeegürtel. Von wesentlicher Bedeutung sind zwei Varietäten der Gattung *coffea*: *coffea arabica*, der Arabica-Kaffee aus höheren Lagen zwischen 600 m und 1.200 m vorwiegend in Lateinamerika und dem östlichen Afrika, sowie *coffea canephora*, der Robusta-Kaffee aus Höhenlagen zwischen 300 m und 800 m des westlichen Afrikas und Asiens. Heutzutage ist Brasilien der mit Abstand größte Kaffeeproduzent, gefolgt von Vietnam und Kolumbien.

Insgesamt werden weltweit jährlich über 7 Mio. t Rohkaffee geerntet und zu 80% exportiert. Mit Exporterlösen der Anbauländer in Höhe von ca. 12,7 Mrd. US-$ ist der Kaffee eines der Güter mit höchster weltwirtschaftlicher Bedeutung. Nach den USA ist Deutschland der zweitgrößte Importeur und führt über seine Häfen rund 15% der Weltproduktion ein. Zur Weiterverarbeitung in Deutschland gelangten im vorvergangenen Jahr 516.000 t Rohkaffee, davon wurden ca. 90% als Röstkaffee, 10% als löslicher Kaffee abgesetzt. Dies entspricht einem Verbrauch per capita von 6,3 kg oder ca. 150 Litern Kaffeegetränk und sorgt in der deutschen Kaffeeindustrie, darunter in ca. 150 Röstereien, für einen Umsatz in Höhe von rund 4,3 Mrd. Euro [ICO09, DKV09].

Die Prozessschritte zur Erzeugung von Röstkaffee sind in Abbildung 2.1 dargestellt. Sie gliedern sich in zwei Teile, von denen der erste, also die Gewinnung der grünen Kaffeebohnen aus den geernteten Kaffeekirschen in nasser oder trockener Aufbereitung,

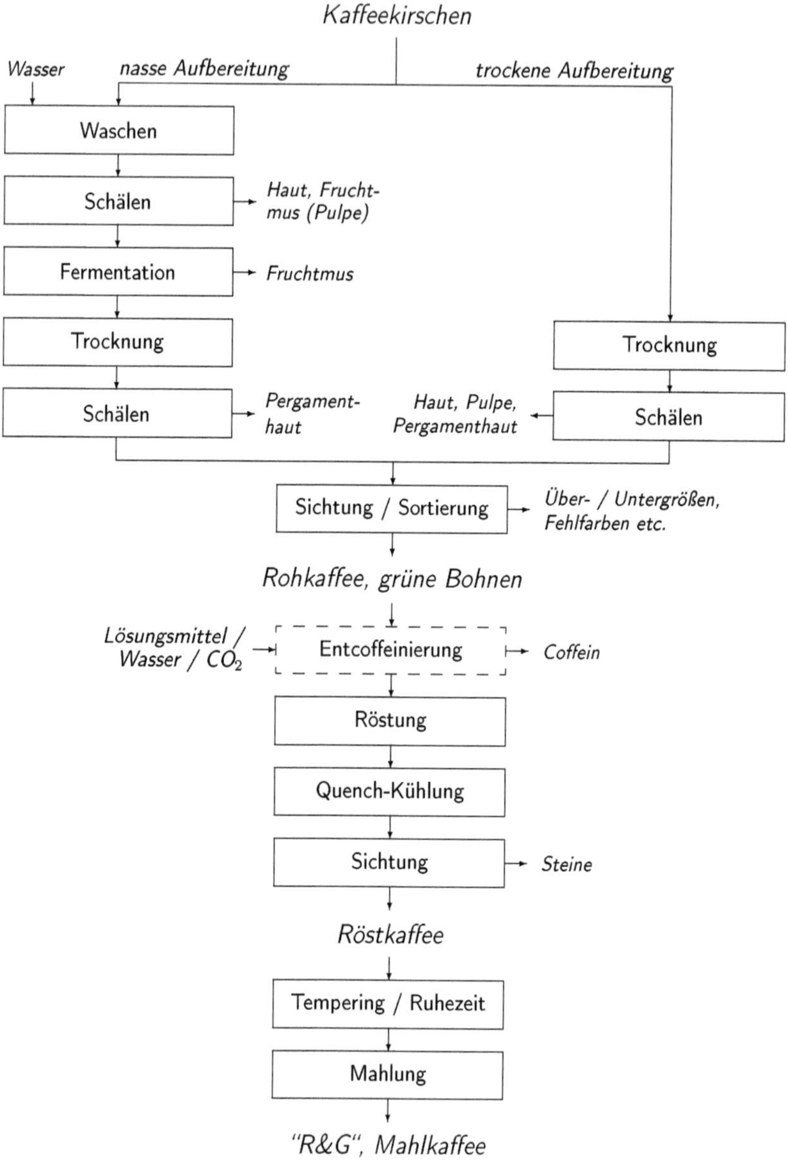

Abbildung 2.1: Kaffeeverarbeitung

im Erzeugerland durchgeführt wird. Die Samen werden dabei von dem sie umgebenden Fruchtfleisch und einer Pergamenthaut befreit und auf eine Restfeuchte von 8% bis 12% getrocknet. Die weitere Verarbeitung zu Röstkaffee besteht im Wesentlichen aus den Prozessschritten Röstung und anschließender "Quench"-Kühlung, auf deren allgemeine Grundlagen im folgenden Abschnitt detailliert eingegangen wird. Gegebenenfalls wird der Rohkaffee zuvor entkoffeiniert und der Röstkaffee anschließend zu Löskaffee weiter verarbeitet.

2.2 Grundlagen der Röstung und Quenchkühlung

Auf die Qualität des Röstkaffees haben Röstung und Quenchkühlung einen entscheidenden Einfluss. Die unterschiedlichen Sorten, Provenienzen und Ernten des Ausgangsmaterials, die individuelle Beschaffenheit jeder Kaffeebohne als Naturprodukt, deren unterschiedliches Röstverhalten, sowie die ohnehin komplexen Vorgänge kombinierten Wärme- und Stofftransports in den einzelnen Kaffeebohnen erschweren das Auffinden eines optimalen Röstzustands. Ist dieser erreicht, muss die anschließende Kühlung in genau der Weise erfolgen, dass der momentane Röstzustand der Kaffeebohnen erhalten bleibt.

Die Prozessführung gründet im Idealfall auf der Messung und Regelung der Produkttemperatur. Das Ziel besteht darin, diese Temperatur während der Röstung so zu steuern und den Röstprozess durch das Quenchen derart zu beenden, dass die Kaffeebohne das gewünschte Aroma entwickelt und – möglichst im gesamten Querschnitt – einen homogenen Röstgrad erreicht. Die Herausforderung entsteht dadurch, dass sich im Prozessverlauf aufgrund der Stoff- und Wärmetransportprozesse und ihrer Abhängigkeit von der Produkttemperatur sämtliche Parameter und Stoffeigenschaften der Kaffeebohne ständig verändern.

Bei der allgemeinen Darstellung der Röstung und Quenchkühlung wird zunächst auf die industriell angewandte Prozesstechnik eingegangen, die quasi deren Randbedingungen definiert. Weiterhin werden die grundsätzlichen Wärme- und Stofftransporteffekte beschrieben, die zu den äußerlich mehr oder weniger wahrnehmbaren, physikalischen und chemischen Veränderungen der Kaffeebohnen führen. Letztlich steht an deren Ursprung das Temperaturfeld, das sich infolge der Vorgänge an und in der einzelnen Kaffeebohne entwickelt.

2.2.1 Prozesstechnik

Bei der Röstung von Kaffeebohnen überlagern sich grundsätzlich die Wärmetransportmechanismen Konvektion, Wärmeleitung und Wärmestrahlung [Bae98]. Die Wärmeleitung, das heißt die Wärmeübertragung an die Kaffeebohnen durch Kontakt mit heißen Oberflächen, war vor allem bei der historischen Pfannenröstung entscheidend. Ein homogenes Röstergebnis zu erzielen setzt dabei voraus, dass die Bohnenschüttung

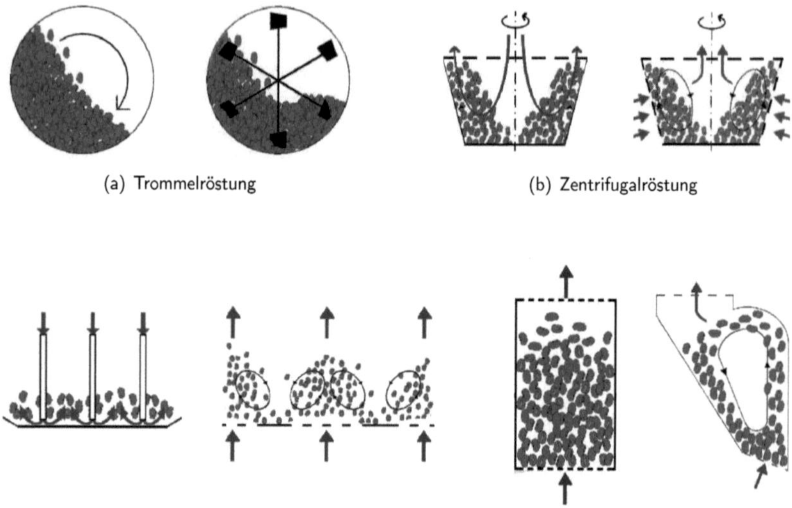

(a) Trommelröstung (b) Zentrifugalröstung

(c) Jet-, Sprudelbettröstung (d) Fluidbettröstung

Abbildung 2.2: Chargenröstmethoden mit überwiegend konvektivem Wärmeübergang und mechanischer (a), gemischter (b), bzw. pneumatischer (c,d) Bewegung der Röstkaffeecharge.

ständig in Bewegung bleibt, wird aber auch dann aufgrund des überwiegend punktförmigen Kontakts der rundlichen Kaffeebohnen mit der heißen Oberfläche, als auch der Kaffeebohnen untereinander, erschwert. In industriellen Kaffeeröstmaschinen kommt es hingegen im häufigen Fall der direkten Einleitung von Heißgasen hauptsächlich zu konvektiver Erwärmung des Kaffees, für die neben dem Volumenstrom oder der Geschwindigkeit der Gase vor allem der Temperaturunterschied zwischen dem Heißgas und der Oberfläche der Kaffeebohnen entscheidend ist. Auch hier sollte jede einzelne Kaffeebohne in Bewegung gehalten werden, um alle Orte ihrer Oberfläche der Anströmung mit dem Heißgas auszusetzen und die konvektive Wärmeübertragung so weit wie möglich zu vereinheitlichen. Sekundär ist jeweils der Einfluss von Wärmestrahlung, die zwischen Oberflächen unterschiedlicher Temperatur grundsätzlich auftritt. Sie hat bei der Kaffeeröstung keinen wesentlichen Einfluss, trägt aber besonders durch die Wärmestrahlung zwischen den Kaffeebohnen zu einer gewissen Vereinheitlichung der Wärmeverteilung bei.

Die Röstung erfolgt in der Regel chargenweise in Maschinen, in denen bewegte Einbauten, die Art der Strömungsführung, oder eine Kombination dieser beiden für eine ständige Durchmischung und somit gleichmäßige Erwärmung der Kaffeebohnen sorgen sollen. Abbildung 2.2 zeigt schematisch die gebräuchlichsten Möglichkeiten auf. In Trommel- oder Tangentialröstern (a) wird die Bewegung der Kaffeeschüttung dadurch erreicht, dass entweder der Röstbehälter selbst, oder ein darin befindliches Rührwerk in Rotation versetzt wird. Geschwindigkeit und Temperatur der Heißgase können dabei frei gewählt werden, da ihnen ausschließlich die Aufgabe des Energieeintrags zukommt. Bei ausschließlich pneumatischer Bewegung der Röstkaffeecharge in fludisierten Schüttungen kann hingegen eine große Gleichmäßigkeit erreicht werden, jedoch sind der Volumenstrom und als indirekte Einflussgröße auch die Temperatur der Heißgase in solchen Grenzen zu wählen, dass die Bohnenschüttung zwar fluidisiert, jedoch nicht aus dem Röstbehälter ausgetragen wird. In Konsequenz ist damit auch der Wärmeübergang limitiert, worauf in Abschnitt 4.1.1 detailliert eingegangen wird. Besondere Bauformen der Röstkammer, wie der in Abbildung 2.2 (d) rechts schematisierte RFB-Röster, teilen die Röstkammer dabei in Zonen auf, die für erhöhten Wärmeübergang in der Auftriebs-, niedrigeren Wärmeübergang in der Rezirkulationsströmung und eine mechanische Verhinderung des Austrags ermöglichen, wodurch wieder eine gewisse Flexibilität dieser Röstparameter entsteht. In Zwischenformen wird die Bewegung der Kaffeebohnen durch die Luftführung nur unterstützt, wie in den Zentrifugalröstern (b), in die das Heißgas seitlich in rotierende Röstbehälter eingeleitet wird. Bei den Jetröstern (c) können die Heißgasdüsen selbst als Bestandteil eines Rührwerks ausgeführt werden.

Die Chargenröstung bietet gegenüber kontinuierlichen Röstverfahren den Vorteil höherer Flexibilität, sowohl in der Temperaturführung und der Röstzeit, als auch in der Abfolge von in dieser Hinsicht verschiedenen Röstrezepten. Grundsätzlich können durch die direkte Beaufschlagung der Kaffeebohnen mit Heißgasen hoher Temperatur sehr hohe Wärmeübergangsraten realisiert werden, so dass zunehmend kürzere Röstzeiten und damit Kapazitätserhöhung möglich sind. Diese Art der Prozessführung wird im folgenden mit HTST – high temperature short time – bezeichnet. Sie zeichnet sich durch Röstzeiten um 2 min bis 5 min bei Heißgastemperaturen über 300 °C aus. Mit fließendem Übergang steht auf der anderen Seite die Röstung LTLT – low temperature long time, die bei Temperaturen um 220 °C bis 250 °C länger als 10 min andauert. Der durch die Prozessführung beeinflussbare Wärmeübergangskoeffizient α steht mit einer nicht direkt beeinflussbaren Stoffgröße, der Wärmeleitfähigkeit λ im Inneren der Kaffeebohne, und deren Äquivalenz-Durchmesser d_V (vgl. 3.6) in einem Verhältnis, das durch die dimensionslose Biot-Zahl dargestellt wird:

$$\mathrm{Bi} = \frac{\alpha \cdot d_V}{\lambda}. \tag{2.1}$$

Je höher die Biot-Zahl, desto höher wird auch der Temperaturgradient im Inneren der Kaffeebohne und mithin das Risiko einer über deren Durchmesser ungleichmäßigen Röstung. Es ist also vornehmlich für die Kurzzeitröstungen von Interesse, das Temperaturfeld im Inneren der Kaffeebohne abschätzen und berücksichtigen zu können, das die eigentliche und im Sinne der vorliegenden Arbeit so definierte Produkttemperatur darstellt. Da es bei industriellen Röstungen messtechnisch jedoch nicht erfassbar ist, wird in jenem Zusammenhang von einer Temperatur als Produkttemperatur gesprochen, die mit Kontakt-Thermoelementen in der Schüttung, also an den Oberflächen

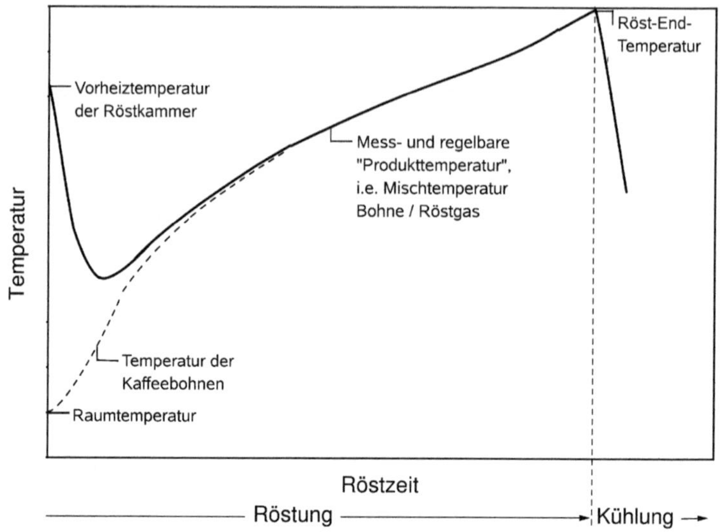

Abbildung 2.3: Typischer Verlauf der sogenannten "Produkttemperatur" während der Röstung einer Kaffeecharge.

der Kaffeebohnen gemessen wird und damit eigentlich eine Mischtemperatur dieser Oberflächen und des sie umgebenden Heißgases ist [Jou00]. Bei der sogenannten Profilröstung werden die variablen Parameter der Chargenröster durch den ständigen Vergleich der so gemessenen Temperatur mit einem vorgegebenen, zeitlichen Temperaturverlauf gesteuert, so dass dieser wiederholt verfolgt werden und zu reproduzierbaren Röstergebnissen führen kann.

Am Ende der Röstung, wenn der gewünschte Röstgrad erreicht ist, wird die Kaffeecharge gekühlt. Diese erzwungene, als Quenchen bezeichnete Kühlung ist notwendig, um den Röstkaffee in dem momentanen Röstzustand zu erhalten, indem die in der Bohne bei hohen Temperaturen ablaufenden Röstreaktionen durch Temperaturabsenkung abgebrochen werden. Industriell wird gekühlt, indem kalte Luft durch die auf Lochblechen befindliche Kaffeecharge geblasen wird, sei es von unten, so dass die Kaffeecharge fluidisiert wird, oder von oben, so dass die Kaffeecharge auf das Kühlsieb gepresst wird, was höhere Luftmengenströme ermöglicht. Dem voran geht meist eine Spontankühlung mit Wasser, wie in Abbildung 2.4 b,c angedeutet. Der Quenchprozess beeinflusst die Kaffeequalität dadurch, dass der geringen Wärmeleitfähigkeit in der Kaffeebohne erneut große Wärmeübergänge, nunmehr nach außen gerichtet, an ihrer Oberfläche entgegenstehen, wodurch auch nun noch Inhomogenitäten bezüglich des Röstzustands verursacht werden können.

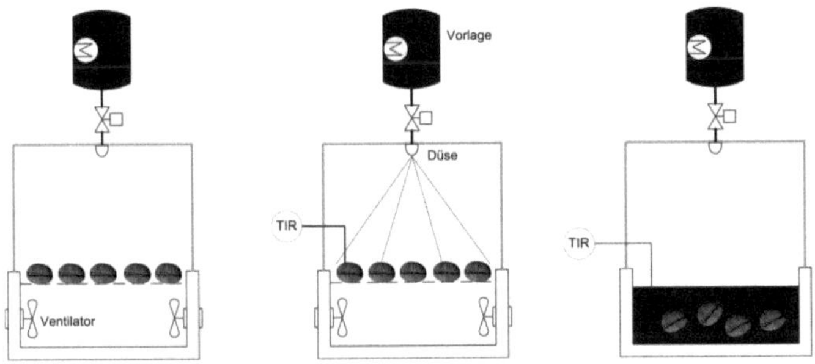

(a) Luftkühlung (b) Sprühkühlung (c) Immersionskühlung

Abbildung 2.4: Quenchmethoden unter Anwendung von Luft (a,b) und Wasser (b,c).

Bei der Verwendung von flüssigen Quenchmedien sind nach Liscić [Lis92] grundsätzlich drei Quenchvorgänge zu unterscheiden: Filmquenchen, i.e. Übergießen mit Flüssigkeit, Immersionsquenchen, i.e. Eintauchen in ein Flüssigkeitsbad, und Sprühquenchen, i.e. Besprühen mit der Flüssigkeit. Sofern sich das aufgegebene Wasser dabei auf der Oberfläche des zu kühlenden Körpers auf Siedetemperatur erhitzt, erfolgt eine Siedekühlung, wobei der Wärmeübergang weiter erhöht wird. Bei der Siedekühlung wiederum sind vier mögliche Siedemechanismen festzustellen, die mit ansteigender Temperaturdifferenz zwischen der heißen Oberfläche und dem Siedepunkt des Quenchmediums auftreten. Bei leichter Überhitzung, dem Konvektionssieden, kommt es zu einer konvektiven Auftriebsströmung. Beim Blasensieden bilden sich durch stärkere Überhitzung Dampfblasen aus, die sich bei weiterer Steigerung der Temperaturdifferenz zu einem zunächst instabilen Dampffilm zusammenschließen. Dieser Bereich markiert den Übergang zum Filmsieden, bei dem sich schließlich ein stabiler Dampffilm bildet. Die Siedebereiche und ihre Auswirkungen auf den Wärmeübergang, wie erstmals von Nukiyama beschrieben [Nuk66], sind in Abbildung 2.5 veranschaulicht. Auf den speziellen Fall des Quenchens von Kaffeebohnen wird in Abschnitt 4.1.2 näher eingegangen.

Technisch wird die Quenchkühlung im Röst- oder Kühlbehälter realisiert, indem dort Wasser auf die weiterhin zu durchmischende Kaffeeschüttung aufgegeben wird. Je nach Anordnung der Quenchdüsen und der meist in kurzer Zeit aufgewendeten Wassermenge können sowohl die drei obigen Quenchvorgänge, als auch sämtliche Siedemechanismen zu unterschiedlichen Anteilen parallel oder nacheinander auftreten. Prinzipiell sollte eine Sprühkühlung erfolgen, da hierbei durch das wiederholte Auftreffen von Tropfen, selbst im Fall ihrer Verdampfung, ein sich stets erneuernder Kontakt der heißen Oberflächen mit flüssigem Wasser stattfindet, wodurch der Wärmeübergang gegenüber anderen Quenchmethoden verbessert werden kann.

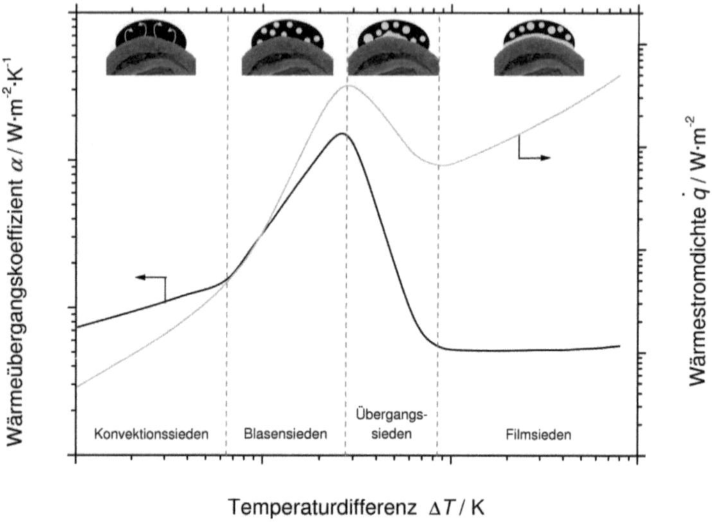

Abbildung 2.5: Siedediagramm nach Nukiyama [Nuk66] und Veranschaulichung der Siedemechanismen von Wasser auf heißen Feststoffoberflächen.

2.2.2 Wärmetransport, fühlbare und latente Energien

Die folgende Übersicht 2.1 zeigt die vorgenannten Parameter der Prozessführung einerseits, sowie Eigenschaften der Kaffeebohnen andererseits, die jeweils einen entscheidenden Einfluss auf die Röstvorgänge und letztlich die Qualität des Röstkaffees haben. Ihrerseits sind die Materialeigenschaften der Kaffeebohne infolge der Wärmezufuhr und der Reaktionen erheblichen Veränderungen unterworfen. Röstkaffee kann somit nur durch eine Prozessführung der Röstung und Kühlung hergestellt werden, bei der die gegenseitige Beeinflussung der Prozessparameter, Materialeigenschaften und Röstvorgänge in den einzelnen Kaffeebohnen die gewünschten Qualitätskriterien des Röstkaffees begünstigt. Im Mittelpunkt steht das veränderliche Temperaturfeld in der Kaffeebohne, auf das im folgenden Abschnitt näher eingegangen wird.

Bei der Wärmebehandlung bildet sich infolge des nach innen gerichteten Wärmetransports in den Kaffeebohnen ein instationäres, dreidimensionales Temperaturfeld aus. Es ist aufgrund einer Volumenausdehnung der Kaffeebohne nicht ortsfest und von endothermen und exothermen, inhomogen verteilten Quelltermen aufgrund von Verdampfungsvorgängen und Röstreaktionen, sowie dem daraus resultierenden Stofftransport gasförmiger Reaktionsprodukte überlagert.

In Abbildung 2.6 sind zunächst die Wärme- und Stofftransportphänomene zusammengefasst, die im zeitlichen Verlauf der Röstung und Kühlung an und in Kaffeebohnen auftreten. Hinterlegt ist eine typische Produkttemperaturkurve, die eine Zuordnung

Tabelle 2.1: Einflussgrößen der Röstkaffeeherstellung.

Kaffeebohne		**Technologie**
veränderliche Stoffwerte während der Röstung und Kühlung	*Wärmetransport*	Prozessführung der Röstung und Kühlung
spez. Wärmekapazität Wärmeleitfähigkeit Emissionskoeffizient	↕ ***Temperaturfeld***	Röstgastemperatur Röstzeit HTST ↔ LTLT
Feststoffstruktur Dichte Porosität Zellaufschluss Oberflächen-beschaffenheit	↔ ↕ *Reaktionen* ↔	Röstgaszusammensetzung Relativgeschwindigkeit Bohne ↔ Röstgas Prozessdruck
Innendruck Gaseinschluss	↕ *Stofftransport*	Prozessführung kontinuierlich ↔ Batch
stoffl. Zusammensetzung Feuchte ...	↕ *Volumenausdehnung*	Kühlverfahren Luft- ↔ Wasserkühlung ...

↕

Röstkaffee
Röstgrad, Mahlbarkeit, Extraktionsausbeute, Aussehen, Aroma, Geschmack, ...

der Vorgänge zu verschiedenen Prozessphasen erlaubt. Zunächst findet der Temperaturanstieg in der Kaffeebohne aufgrund der äußerlichen Einwirkung von Wärme und deren Transport in das Innere der Bohne statt. Er wird anfangs durch das endotherme Verdampfen der Produktfeuchte gedämpft, und anschließend durch die Exothermie von Röstreaktionen beschleunigt. Folge dieser beiden Vorgänge sind der Stofftransport von Wasserdampf und gasförmigen Stoffen aus der Bohne heraus, sowie eine wesentliche Änderung der Zusammensetzung, aber auch der thermischen und physikalischen Eigenschaften der Kaffeebohne. Exotherme Reaktionen, vor allem aber der einsetzende Stofftransport nach außen können in die Kühlphase hineinreichen, respektive diese überdauern. Beim Quenchen schließlich kommt es zur Verdampfung des Kühlmediums auf den heißen Feststoffoberflächen. Je nach Siedemechanismus werden dadurch anfänglich sehr hohe Wärmeübergangsraten realisiert. Da es bei der Wasserkühlung auch zu einer Wiederbefeuchtung der Kaffeebohnen kommt, findet während der Kühlphase ein Stofftransport statt, der erneut dem Wärmetransport und zusätzlich dem fortdauernden Abtransport von Reaktionsprodukten entgegengerichtet ist. Eine Kühlung mit Kaltluft erfordert bei moderatem Wärmeübergang längere Quenchzeiten oh-

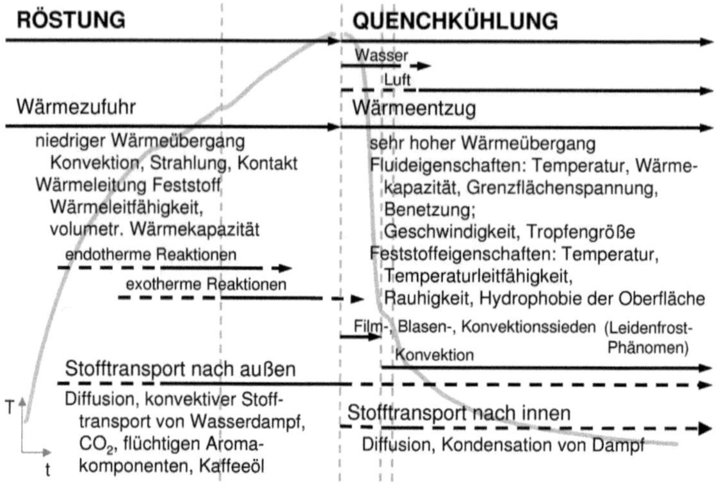

Abbildung 2.6: Transportphänomene im Verlauf der Röstung und Kühlung einer Kaffeebohne.

ne eine Wiederbefeuchtung des Röstkaffees. In der Abbildung 2.6 ist die Kühlphase gegenüber der Röstphase zu Zwecken der Veranschaulichung gestreckt.

Bei Betrachtung der einzelnen Kaffeebohne ist nicht nur der zeitliche Temperaturverlauf charakteristisch, sondern auch die sich im Innern der Kaffeebohne ausprägenden Gradienten der Temperatur, des Drucks und der Konzentration. Im Verlauf der Röstzeit bewegen sich mit der eingebrachten Wärme auch die von ihr induzierten Vorgänge von außen in das Bohneninnere, mit entsprechenden Auswirkungen auf die vorgenannten Gradienten. So bewegt sich die Position der Verdampfungsfront auf das Bohnenzentrum zu und hinterlässt einen äußeren Bereich der Kaffeebohne, der weniger Feuchte, somit eine geringere Wärmekapazität, Wärmeleitfähigkeit und einen steileren Temperaturgradienten aufweist. Daselbst beginnen dann die Röstreaktionen, die in der Summe exotherm sind und also zu einem lokalen Temperaturanstieg führen. An der Verdampfungsfront hingegen wird der Matrix die zur Verdampfung nötige Energie entzogen, wodurch der Temperaturanstieg verlangsamt wird. Das Temperaturprofil, das sich folglich ergibt, ist gegenüber dem theoretischen Profil eines wärmequell- und senkenfreien Körpers also zusätzlich einer Art Hebelwirkung der Endothermie im Inneren und der Exothermie außen unterworfen. Der Temperaturgradient fällt dadurch noch höher aus.

Der Temperaturgradient verursacht die Wärmeleitung in das Innere der Kaffeebohne während der Röstung, bzw. in umgekehrter Richtung bei der Kühlung. Für ihre Höhe ist die Wärmeleitfähigkeit der Kaffeematrix mit entscheidend, eine der Materialeigenschaften, die bisher wenig untersucht sind. Wie unter anderem bei Berechnungen von Sivetz und Schwartzberg, so wird generell häufig ein Wert von Holz $\lambda = 0,173\ \frac{W}{m{\cdot}K}$

Tabelle 2.2: Latente Energien, bezogen auf Rohkaffee, bei der Röstung von Kaffeebohnen.

Quelle		Wärmekapazität $\left[\frac{kJ}{kg \cdot K}\right]$		Endothermie $\left[\frac{kJ}{kg}\right]$		Exothermie $\left[\frac{kJ}{kg}\right]$
Sivetz et al. [Siv79][a]		$1{,}67^b$		390		150
Raemy et al. [Rae81][c]	grün, 20 °C	1,85			140 °C – 250 °C[d]	250 - 375
	grün, 95 °C	2,40				
	geröstet	1,46				
Small et al. [Sma93][e]	$c_{p,\text{eff}}$[f] 25 °C	2,8				
	$c_{p,\text{eff}}$ 85 °C	6,0				
	$c_{p,\text{eff}}$ 210 °C	2,0				
	$c_{p,\text{eff}}$ > 210 °C	< 0				
	c_p 25 °C	$2{,}0^b$				
	$\overline{c_p}$ 25 °C – 210 °C	$2{,}5^b$				
Pittia et al. [Pit01a][g]			20 °C – 130 °C	39,1	290 °C – 350 °C[h]	$44,6 \pm 3,1$

[a] Coffea arabica, Wassergehalt der grünen Bohne 16,67 %
[b] wasserfrei
[c] Coffea arabica, Wassergehalt der grünen Bohne 12 %
[d] Heizrate 0,5 $\frac{K}{min}$, unter 20 bar Argon
[e] Arabica / Robusta Blend
[f] effektive Wärmekapazität einschließlich der latenten Energien
[g] Santos Arabica
[h] Heizrate 10 $\frac{K}{min}$, Stickstoff-Atmosphäre

[Siv79] oder Cellulose angenommen. Für gemahlenen Kaffee geben Singh et al. [Sin97] $\lambda = 0,136 \frac{W}{m \cdot K}$ für grünen Kaffee, sowie $0,117 \frac{W}{m \cdot K}$ - $0,138 \frac{W}{m \cdot K}$ für Röstkaffee an.

Bezüglich der endothermen und exothermen Reaktionsenthalpien sind in der Literatur weit streuende Größenordnungen angegeben, die bei Sivetz aus Gesamtbilanzen, beziehungsweise bei Raemy, Small und Pittia aus thermischen Analysen hervorgehen. Das Ergebnis der letzteren wird häufig auch als temperaturabhängige, effektive spezifische Wärmekapazität angegeben, in der Größenordnung und Temperaturbereich der latenten Energien mit berücksichtigt sind. Eine Übersicht zeigt folgende Tabelle 2.2.

Bei der Wärmekapazität und den latenten Energien ist stets zu beachten, wie die angegebenen Werte erhalten wurden. Einen großen Einfluss haben u. a. der Wassergehalt der grünen Bohne, Temperatur und auch die Änderung der Temperatur während der Röstung. Meist wurden die Stoffdaten nach Vermahlung grüner und gerösteter Bohnen mittels DSC-Röstung gewonnen. Dabei steht in Frage, inwieweit die DSC-Röstung von Kaffeemehl das Röstverhalten ganzer Bohnen bei der industriellen Röstung wiedergibt. Die Werte von Pittia et al. sind vergleichsweise niedrig, auch gemessen am Gesamtenergiebedarf, der von Vincent et al. [Vin77] mit $500 - 530 \frac{kJ}{kg}$, von Sivetz und Desrosier [Siv79] auf 1230 $\frac{kJ}{kg}$ (bezogen auf Rohkaffee) beziffert wird. Eine ausführliche Diskussion der vorgenannten Werte findet sich bei Clarke [Cla87]. Ortolá et al. [Ort98] geben als Temperaturbereiche für die ablaufenden Reaktionen 60 °C bis 150 °C (endotherme) bzw. 140 °C bis 270 °C für die exothermen Röstreaktionen mit einem Maximum bei 200 °C an.

2.2.3 Änderung der Materialeigenschaften und Röstgrad

Grundsätzlich wird die Röstung von Kaffee meist in drei Abschnitte eingeteilt, von denen der erste, die Trocknung durch Verdampfen der Feuchte, bei Temperaturen unter 160 °C einsetzt und für den viel Energie aufzuwenden ist. Der zweite Abschnitt, die sogenannten Röstreaktionen, findet bei Temperaturen über 160 °C statt. Es ist die Folge einer Vielzahl von Reaktionen, wie der sogenannten Maillard- oder nicht enzymatischen Bräunungsreaktionen und Pyrolysereaktionen, die zum Umsatz der im grünen Kaffee vorhandenen Stoffe unter Bildung und Freisetzung von Aromastoffen, Farbstoffen, sowie weiterer fester und gasförmiger Reaktionsprodukte, vor allem Wasserdampf und CO_2 führen. Die Reaktionsabläufe der Maillardreaktionen wurden zwar vielfach an Modellsystemen studiert (Baltes [Bal93] und Bohnenstengel [Boh92], Manzocco et al. [Man99]), sowie auch die Umsetzung oder Entstehung einzelner Komponenten, die für Aroma oder bestimmte Wirkungen des Kaffeegetränks verantwortlich sind wie Acrylamid [Tae04], organischer Säuren [Por90], Chlorogensäuren [Sch91, Som03], Coffein und Melanoidine [Löp05], Kohlenhydrate [Oos03] oder flüchtige Substanzen [Mun97]. Die detaillierten Reaktionswege und -bedingungen sind nicht zuletzt aufgrund der Vielzahl der über 1000 beteiligten chemischen Komponenten meist nicht bekannt. So werden die Röstreaktionen, jedenfalls in thermophysikalischen Betrachtungen, meist summarisch betrachtet. In der Summe sind die Röstreaktionen exotherm und können, sofern sie nicht effektiv abgebrochen werden, bei Temperaturen ab 260 °C - 290 °C zur autothermen Verkohlung des Kaffees führen [Rae82]. Als unbedingt erforderliche, dritte Phase der Röstung ist insofern der Abbruch der Röstreaktion durch Quenchen oder Kühlung anzusehen.

Die chemischen Reaktionen führen zu einer Änderung der prozentualen Anteile der Hauptbestandteile des Kaffees, die bei Illy und Viani [Ill04] detailliert diskutiert wird. Demnach werden während der Röstung von Arabica-Kaffees der vierte bis fünfte Teil der im Rohkaffee vorhandenen Polysaccharide (49,8% im Rohkaffee) und Proteine (9.8%), etwa zwei Drittel der Chlorogensäuren (6,5%), sowie die Zucker (8%) und Aminosäuren (0,5%) nahezu vollständig umgesetzt. 80% der physikalisch und chemisch gebundenen Feuchte (8%-12%) entweichen infolge der Verdampfung. Im Röstkaffee verbleibende Reaktionsprodukte sind im wesentlichen Maillard-Reaktionsprodukte (25,4% im Röstkaffee), sowie aliphatische und Quininsäuren, reduzierende Zucker und Aromen, deren Gehalt sich im Verlauf der Röstung vervielfacht. Aufgrund des Gewichtsverlusts durch Entweichen der gasförmigen Reaktionsprodukte erhöht sich der Anteil der nicht primär am Umsatz beteiligten Lipide (von 16,2% auf 17,0%), Mineralien (4,2% auf 4,5%) und des Coffeins (1,2% auf 1,3%).

Die physikalischen Änderungen der Kaffeebohnen bestehen wesentlich im Übergang der Farbe von grünlich-gelb nach braun bis dunkelbraun, was bei der industriellen Herstellung von Röstkaffee für die Parametrierung des Röstprozesses genutzt wird. Ferner nimmt die Masse der Kaffeebohnen um 15% bis 20% ab, was etwa zur Hälfte der Verdampfung der Feuchte zuzuschreiben ist. Der organische Röstverlust, bezogen auf die Trockenmasse, beträgt je nach Röstgrad zwischen 5% und 10%, bei dunkler Röstung bis über 12% [Cla87, Hei68]. Gleichzeitig nimmt das Volumen der Kaffeebohnen zwischen 40% und 60% [Ill04], bis hin zu 84% [Ort98] oder sogar 100% [Cla01] zu. Folglich kommt es zu einer Erhöhung der Porosität und Reduktion der Dichte der Kaffeebohnen, von anfangs $1,2 \frac{g}{cm^3}$ - $1,3 \frac{g}{cm^3}$ auf etwa $0,5 \frac{g}{cm^3}$ - $0,8 \frac{g}{cm^3}$ [Ler80b, Mas90], die bei Dalla Rosa et al. [Ros80] mit der Röstendtemperatur korreliert wird.

Auf die Expansion und die Strukturveränderung der Kaffeebohnen haben neben der Röstendtemperatur aber auch die Eigenschaften des Ausgangsmaterials, Bohnenart und Feuchte, als auch die Prozessführung einen Einfluss. Grundsätzlich wird die verdampfende Feuchte, die aufgrund der Porenstruktur teils im Inneren der Kaffeebohne verbleibt, als wichtigste treibende Kraft der Volumenausdehnung gesehen [Gei04]. In Kombination mit den Röstreaktionen ändert sich laut Schenker [Sch00a] auch die ursprüngliche Struktur der Zellwände, die im Verlauf der Röstung porös und durchlässig werden, mit Porengrößen zwischen 10 nm - 50 nm (Microporen) bis zu 20 μm - 40 μm (Makroporen). Die Prozessführung spielt insofern eine Rolle, als besonders bei bei Hochtemperaturröstungen die Feuchte zwar schnell verdampft, aber noch zu großem Anteil in der Bohne verbleibt, wenn diese schon hohe Temperaturen erreicht. Schenker schildert, dass sich dabei die Struktur der Matrix ändert, indem die Glasübergangstemperatur bei 130 °C erstmalig, dann bei 210 °C erneut durchschritten wird, und die Bohne zwischen diesen beiden Temperaturen vom glasartigen in einen gummiartigen Zustand kommt. Die Anwesenheit und Verdampfung einer großen Feuchtemenge in dieser Phase sorge für eine größere Volumenausdehnung. Small et al. [Sma93] hingegen fanden eine stärkere Ausdehnung von schnell gerösteten Kaffeebohnen auch dann, wenn diese vor der Röstung vorgetrocknet waren.

Unter dem sogenannten Röstgrad wird meist ein Farbwert oder Lichtreflexionsgrad des Röstkaffees verstanden, der durch optische Methoden wie Nah-Infrarot (NIR) und Abgleich mit einer Referenz-Skala ermittelt wird [Cla87]. Eine weitere, im Rahmen dieser Arbeit angewendete Möglichkeit der Röstgradbestimmung ist der Einbrand, das ist der als gesamter, beziehungsweise unter Abzug der Feuchteänderung als organischer Röstverlust zu ermittelnde Masseverlust der Röstkaffeecharge, vgl. Abschnitt 3.4.1. Darüber hinaus können viele weitere der oben beschriebenen chemischen und physikalischen Änderungen anhand geeigneter Analysen teils während der Röstung oder an den fertig gerösteten Kaffeebohnen verfolgt und zur Charakterisierung des Röstkaffees verwendet werden, wie auch nicht zuletzt dessen Aroma und Geschmack. Prozessparameter wie die Temperatur der Heißgase oder die Röstzeit sind als Hinweis auf den Röstgrad hingegen nur bedingt geeignete Größen, da durch die verschiedenen Verfahren und Rohkaffee-Eigenschaften, insbesondere unterschiedlicher Anfangsfeuchten, der Röstgrad bei Anwendung gleicher Röstparameter deutlich unterschiedlich ausfallen kann.

2.2.4 Stofftransport und Entgasungsverhalten

Während der Röstung entstehen infolge von Reaktionen und Verdampfung hauptsächlich Wasserdampf und CO_2 als gasförmige Produkte. Bezüglich der Masse des grünen Kaffees ist von einer Entwicklung von etwa 100 $\frac{g}{kg}$ bis 120 $\frac{g}{kg}$ Wasserdampf auszugehen. Für CO_2 werden verschiedentlich [Cla87, Mas90, Mei89, Lab00] zwischen 2 $\frac{g}{kg}$ und 5 $\frac{g}{kg}$ bis hin zu 10 $\frac{g}{kg}$ bei Sivetz [Siv79] angegeben. Geiger [Gei04] zeigte einen Masseverlust in Form von CO_2 in Höhe von 4 $\frac{g}{kg}$ (HTST) bis 5 $\frac{g}{kg}$ (LTLT) während der Röstung, sowie weiteren $10,9$ $\frac{g}{kg}$ bzw. $8,3$ $\frac{g}{kg}$ während der Kühlung und Lagerung auf. Dies verdeutlicht, wie die gasförmigen Produkte aufgrund der den Stofftransport behindernden Bohnenmatrix während der Röstung am Ort ihrer Entstehung sich anreichern und zur Entwicklung eines Innendrucks in den Kaffeebohnen führen können. Der Druckanstieg wird von Anderson et al. [And03] zu 4,4 atm, von Clarke [Cla87] zu 6,4 atm und von Radtke [Rad75] zu 5,5 atm bis 8 atm berechnet. Schwartzberg [Sch05] und Illy [Ill95] gehen mit 14 atm beziehungsweise 25 bar von weit höheren Werten aus. Hält die Bohnenmatrix dem Innendruck nicht mehr stand, kommt es zum häufig beobachteten "Aufplatzen" der Bohnen mit unstetiger, sprunghafter Entgasung und Volumenzunahme.

Kontinuierlich verursacht der Differenzdruck einen hydrodynamischen Stofftransport der gasförmigen Produkte aus der Kaffeebohne heraus. Andererseits erzeugt deren von der Temperatur abhängige Entstehung auch Konzentrationsgradienten in der Kaffeebohne, die sowohl zu Fick'scher Diffusion, als auch aufgrund der Microporen zu Knudsen-, beziehungsweise Oberflächendiffusion führen. Über die Entwicklung entsprechender Kinetiken und Stofftransportkoeffizienten unmittelbar während der Röstung ist wenig bekannt. Bei Messungen von Fischer [Fis05] wurde die Thermogravimetrie einzelner Kaffeebohnen mit der Massenspektrometrie der entstehenden Gase gekoppelt, sowie bei Geiger [Gei04] die Infrarot-Technik zur Bestimmung des Gehalts von Wasserdampf und CO_2 in Abgasen bei Durchführung realer Röstprozesse. Sie zeigen auf, dass es in der Anfangsphase der Röstung zu einer Anreicherung von Wasserdampf in dem die Kaffeebohne umgebenden Gas kommt, während das CO_2 erst bei Temperaturen oberhalb 180 °C bzw. Röstzeiten oberhalb 90 s, besonders aber nachdem es zum Aufplatzen der Bohne kam, kontinuierlich zunehmend freigesetzt wird. Für den HTST-Prozess gibt Geiger kontinuierlich zunehmende CO_2-Freisetzungsraten bis 0,12 g CO_2 pro Sekunde und kg Rohkaffee in der Röst-Endphase an. Im LTLT-Prozess erfolgt die Abgabe des CO_2 vielmehr gleichmäßig zunehmend bei zum Röstende zehnfach geringeren Raten.

Die nach der Röstung weiterhin stattfindende Entgasung ist besonders für Mahlkaffee eingehend untersucht worden. Für Frischröstkaffee geben Shimoni und Labuza [Shi00] sowie Anderson et al. [And03] für die Diffusion des CO_2 in der Kaffeematrix einen von der Temperatur abhängigen, effektiven Diffusionskoeffizienten zu $D_{\text{eff.}} = 2,1 - 13,5 \cdot 10^{-14}\ \frac{m^2}{s}$ beziehungsweise $D_{\text{eff.}} = 3,1 - 10,4 \cdot 10^{-13}\ \frac{m^2}{s}$ an. Abhängig vom Mahlgrad entweicht das CO_2 von frisch geröstetem Kaffee großteils während der Mahlung, beziehungsweise in den darauf folgenden 24 Stunden zu ca. 80%

[Rad75, Shi00]. Weiterhin stellt sich abhängig vom Röstgrad und den Umgebungsbedingungen Temperatur und CO_2-Partialdruck ein Adsorptionsgleichgewicht ein, das mit Langmuir-Sorptionsisothermen zu beschreiben ist. Shimoni und Labuza [Shi00] geben dafür Monolayer-Bedeckungen von $1,09\ \frac{g}{kg}$ bis $2,21\ \frac{g}{kg}$ für hell beziehungsweise dunkel gerösteten Mahlkaffee an. Bei Abwesenheit von CO_2 in der Atmosphäre geht Hinman [Hin93] aufgrund von Sorptionsanalysen von einem Restgehalt in Höhe von $0,2\ \frac{g}{kg}$ gebundenen Kohlendioxids in Röstkaffee aus.

3. Material und Methoden

3.1 Versuchsgut

3.1.1 Eigenschaften der grünen Kaffeebohnen

Die veränderlichen Stoffeigenschaften von Kaffeebohnen während und infolge der Röstung und Quenchkühlung wurden untersucht an Kaffeebohnen der botanischen Sorte *coffea arabica* (im folgenden "Arabica"), Provenienz Brasil Santos. Es handelt sich um Flachbohnen, die im Ursprungsland trocken aufbereitet wurden. Einige Vergleichsuntersuchungen wurden auch mit nass aufbereiteten Kaffeebohnen der Sorte *coffea arabica*, Provenienzen Kenia und Columbia durchgeführt, sowie mit vietnamesichen, trocken aufbereiteten Kaffeebohnen der Sorte *coffea canephora* var. *robusta* (im folgenden "Robusta").

Die Auswahl der grünen Bohnen für die Röstungen sowie die Auswahl gerösteter Bohnen für weitere Messungen erfolgte nach dem Zufallsprinzip.

Tabelle 3.1: Materialeigenschaften (Mittel- bzw. Medianwerte) der grünen Kaffeebohnen verschiedener Provenienzen.

Sorte	Provenienz	Feuchte	Dichte	Länge	Breite	Höhe	Sphärizität	Durchmesser	Volumen
		x	ρ	L	B	H	ψ_{Wa}	d_V	V
		% w.b.	$\frac{g}{cm^3}$	mm	mm	mm	%	mm	mm^3
Arabica	Santos	10,6	1,19	9,1	7,2	4,1	83,3	6,45	140,5
	Columbia	10,2	1,22	9,5	6,7	3,6	82,5	6,12	120
	Kenia	9,3	1,24	8,6	6,5	3,7	83,0	5,91	108,1
Robusta	Vietnam	8,4	1,10	8,8	6,9	4,0	83,2	6,24	127,2

3.1.2 Durchführung und Parameter der Chargenröstung

Die Kaffeebohnen wurden zur Analyse des Röstprozesses in Einzelbohnenröstungen, vgl. Abschnitt 3.2, sowie zur Analyse der Materialeigenschaften unterschiedlich gerösteter und gekühlter Röstkaffeemuster in Chargenröstungen als fluidisierte Schüttung geröstet. Der Röstabbruch erfolgte durch Kaltluft sowie gegebenenfalls zusätzlich durch Aufgabe von Wasser mit unterschiedlicher Temperatur.

Für die Herstellung von Röstkaffeechargen wurde ein Labor-Jet-Röster "Novoplus" der Fa. Novopack mit einer Chargenkapazität bis 500 g verwendet. Er besteht im wesentlichen aus einer über die Höhe in einen Glas- und einen Aluminiumteil unterteilten

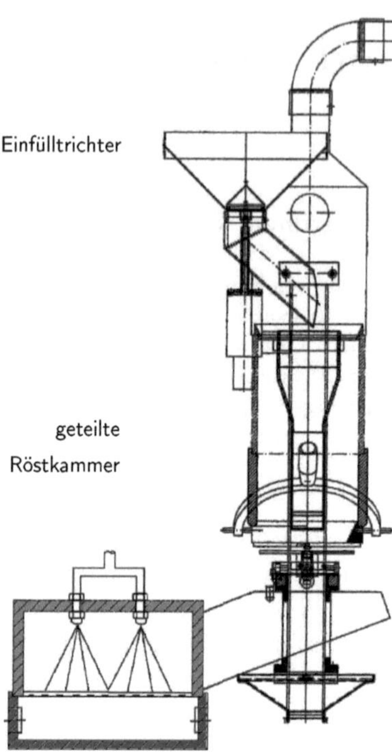

Abbildung 3.1: Schematischer Aufbau zur Röstung und Kühlung von Bohnenchargen.

Röstkammer, die optische Beobachtung des Röstverlaufs sowie die Zugänglichkeit für Messfühler durch Bohrungen in der Aluminiumbuchse ermöglicht. Die Röstgaszufuhr erfolgt mit variabler Geschwindigkeit und Temperatur über Düsen, deren Anordnung eine Fließ-/Wirbelbett-Röstung bewirken. Entleert wird die Röstkammer über einen verschwenkbaren Boden entweder in einen Kühltopf mit Siebboden, worin die Röstung der Kaffeebohnen abgebrochen wird, indem Raumluft durch die Kaffeecharge gesogen wird. Alternativ besteht die Möglichkeit, über eine Rutsche in einen externen Kühler zu entleeren, in dem die vorgesehenen Quenchtechniken, insbesondere das Besprühen mit Wasser in verschiedenen Zuständen, durchgeführt und untersucht werden können. Das Wasser wird hierfür in einem beheizbaren Vorlagebehälter in aufzugebender Menge und Temperatur vorgelegt und unter Zuhilfenahme von Druckluft und einem zeitgetakteten Magnetventil auf die Röstkaffeecharge versprüht. Der externe Kühler ist so bemessen, dass sich die Röstkaffeebohnen auf einem Siebblech gleichmäßig in einer Schicht von der Schichtdicke einer Kaffeebohne verteilen. Das Kühlwasser wird durch entsprechend angeordnete Vollkegeldüsen gleichmäßig auf die gesamte Fläche

Tabelle 3.2: Röstparameter der Herstellung repräsentativer Röstkaffeemuster.

ID	Charge	Röstung			Kühlung		Feuchte
	Masse	Temperatur	Zeit	spez. Gasmengenstrom	spez. Wassermasse	Temperatur	Gehalt w.b.
	$\frac{m_{\text{grün}}}{\text{kg}}$	$\frac{T_R}{°C}$	$\frac{t_R}{s}$	$\frac{\dot{V}_G/m_{\text{grün}}}{\frac{m^3}{kg \cdot s}}$	$\frac{m_W/m_{\text{grün}}}{\frac{g}{kg}}$	$\frac{T_K}{°C}$	$\frac{\overline{x}_W}{\%}$
NP.1	**0,3**	**268**	**150**	**0,14**	–	**RT**	**1-2**
NP.2	0,3	268	150	0,14	145-150	RT	5-6
NP.3	0,3	268	150	0,14	145-150	60	4-5
NP.4	0,3	268	150	0,14	145-150	90	4
NP.5	0,1	268	145	0,14	–	RT	1-2
NP.6	0,1	268	145	0,14	165	RT	5
NP.7	0,1	228	750	0,14	–	RT	1-2
NP.8	0,1	228	750	0,14	165	RT	5
RFB.1	20	340	230 *	0,12	20	RT	2,4
RFB.2	20	340	230 *	0,12	110	RT	3,5
RFB.3	20	340	230 *	0,12	180	RT	5,7
RFB.4	20	380	245 **	0,12	20	RT	2,2
RFB.5	20	380	245 **	0,12	110	RT	3,4
RFB.6	20	380	245 **	0,12	180	RT	6,5
JR.1	0,3	242	***	0,14	–	RT	*(k.A.)*

* Röstabbruch bei Erreichen der Produkttemperatur 228 °C.
** Röstabbruch bei Erreichen der Produkttemperatur 235 °C.
*** 40 s, 80 s, 110 s, 130 s, 150 s, 200 s.
NP: Novoplus Kaffeeröster, Novopack, TUHH.
RFB: Rotations-Fließbett-Röster, Neuhaus-Neotec.
JR: Jet-Röster (Novoplus Kaffeeröster), Novopack, Tchibo.

und somit die einzelnen Kaffeebohnen aufgegeben. Zur Vergleichmäßigung der Wasserkühlung wurden die Kaffeebohnen während der Kühlung von Hand durchmischt.

Wenn nicht anders angegeben, erfolgte die Röstung einer Charge von 300 g (grüne Bohnen) in 150 Sekunden bei einer Röstgastemperatur von 268 °C und einem Volumenstrom von etwa 150 $\frac{m^3}{h}$. Eine anschließend 120 Sekunden mit Raumluft gekühlte Röstkaffeecharge weist eine Feuchte von 1-2 % auf. Bei der Wasserkühlung führte die Versprühung von 145 – 150 $\frac{g}{kg}$ Wasser, bezogen auf grünen Kaffee, bei einem Wassermassenstrom von $17,1\ \frac{kg}{s}$ zu einer Feuchte der Röstkaffeecharge von 4 % bis 5 %. Der Einfluss variierter Quenchparameter auf den Kühlprozess wurde im übrigen entsprechend dem unter 3.3 geschilderten Vorgehen untersucht.

Die Röstkaffeechargen wurden auf die wesentlichen, von Röst- und Quenchverfahren beeinflussten Eigenschaften untersucht. Zum Vergleich wurden auch Röstkaffeemuster herangezogen, die von der projektbegleitenden Industrie hergestellt worden wa-

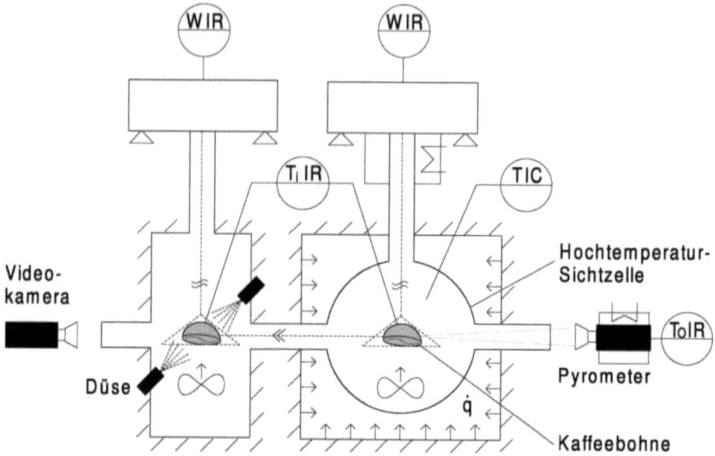

Abbildung 3.2: Schematischer Versuchsaufbau zur Röstung und Kühlung einzelner Kaffeebohnen.

ren. Die Fa. Tchibo röstete jeweils 300 g Kaffee als fluidisierte Schüttung in einem Novopack Jet-Röster bei 242 °C über 40 s bis 200 s mit anschließender Luftkühlung auf verschiedene Röstzustände. Bei der Fa. Neuhaus Neotec wurden 20 kg Kaffee bei Röstgastemperaturen von 340 °C und 380 °C in einem RFB-Röster produkttemperaturgesteuert geröstet und zur Herstellung unterschiedlich feuchter Röstkaffeemuster anschließend unter Aufgabe verschiedener Wassermengen gekühlt. Die Prozessbedingungen der Röstkaffeeherstellung in repräsentativen Experimenten sind in Tabelle 3.2 unter Angabe einer ID aufgeführt, auf die im weiteren Text jeweils Bezug genommen wird.

3.2 Einzelbohnenröstung und Analytik in situ

Die Röstung einzelner Kaffeebohnen erfolgte in einem Wärmeschrank, in den eine Borosilikatglas-Sichtzelle integriert ist, die durch Stutzen für den Eintrag von Versuchsgut und für Messfühler zugänglich ist. In der Sichtzelle ist die Kaffeeröstung in ruhendem Röstgas sowie bei Umluftströmung mit Anströmgeschwindigkeiten von $5\ \frac{\mathrm{m}}{\mathrm{s}}$ und Röstgastemperaturen bis 280 °C möglich. Mittels Unterflurwägung, optischer Aufnahme (CCD-Kamera) sowie Temperaturaufnehmern können Veränderungen der Masse, Farbe, Volumen und Temperatur im Innern und an der Oberfläche der Kaffeebohnen online ermittelt werden.

3.2.1 Masse und Volumen

Außerhalb der Röstzone befand sich auf dem Wärmeschrank eine Analysenwaage (Mettler Toledo AG 245), die Gewichtsänderungen von 0,01 g während der Strahlungsröstung erfassen kann. An der Waage wurde über eine Gehängedurchführung für Unterflurwägungen ein in der Sichtzelle befindliches Drahtgestell aufgehängt, auf das mit einer Dosiervorrichtung bis zu vier Kaffeebohnen gleichzeitig abgeworfen wurden. Von einem Programm zur Messdatenerfassung wird der Masseverlauf über der Zeit aufgetragen und gespeichert. Die Änderung der Masse bei der Umluft- und Fluidbettröstung wird durch Differenzwägung der grünen und gerösteten Bohnen nach Röstabbruch zu verschiedenen Zeiten bestimmt.

Der Wärmeschrank verfügt durch Glasscheiben in der Tür über eine freie Sichtfläche auf die Borosilikatglas-Sichtzelle. Mittels einer CCD-Kamera und Makroobjektiv, spezieller Beleuchtungstechnik und Frame-Grabber Karte mit Bildverarbeitungssoftware wurden Bilder in digitaler Form aufgenommen und verarbeitet. Die Nutzung eines im Videobild integrierten Timers ermöglicht, den zeitlichen Verlauf von Farbe und Volumen der Kaffeebohnen zu verfolgen.

3.2.2 Temperaturfeld

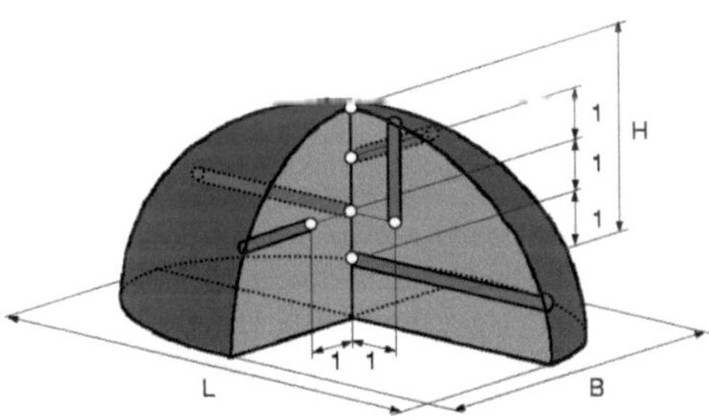

Abbildung 3.3: Kaffeebohne mit Temperaturmessstellen, schematisch.

Die Temperaturmessung im Innern der Kaffeebohnen erfolgte mit NiCr-Ni-Mantelthermoelementen mit einem Durchmesser von 0,25 mm. Durch die geringe Ausdehnung werden der Einfluss auf die Bohne und die Zeitkonstante gering gehalten, so dass auch die anfänglich schnellen Temperaturänderungen bei der Kaffeeröstung detektiert werden können. Die Thermoelemente wurden in definierten Abständen bzw. Tiefen in Sackbohrungen in der Kaffeebohne eingesetzt, vgl. Abb. 3.3. Die Bohrungen wurden mit einem Ø 0,3 mm Bohrer von einer speziell konstruierten Miniaturbohrmaschine an der grünen Kaffeebohne ausgeführt. Mit Zentrums- oder Kerntemperatur wird fortan die Temperatur in den Symmetrieebenen sowie der Höhe 1/2 H einer Kaffeebohne bezeichnet. Sie wird als Bezugstemperatur bei der temperaturabhängigen Darstellung von Materialeigenschaften eingesetzt.

Die Messung der Oberflächentemperatur von Kaffeebohnen während der Röstung erfolgte berührungslos mit einem Infrarot-Strahlungspyrometer Pyroskop 260 (Fa. Kleiber), mit einem Messbereich von 30 °C bis 300 °C. Bei einem Mindestabstand von

450 mm hat der Messfleck einen Durchmesser von 1,5 mm. Er wird mittels eines optischen Suchers focussiert. Aufgrund der speziellen Messanordnung wurde die Kaffeebohne schon außerhalb des Röstofens von dem Pyrometer durch ein doppelwandiges Rohr in einer Entfernung von etwa 450 mm focussiert. Durch den Rohrwandzwischenraum wurden die Thermoelemente geführt, die der simultanen Temperaturmessung im Inneren der Kaffeebohne als Messfühler und zur Fixierung der Kaffeebohne dienten. Die Thermoelement-Stecker und die der Kamera zugewandte Seite des Doppelrohrs wurden durch einen Kühlwasser führenden Kühler gekühlt, um Messfehler bei der Temperaturmessung mit den Thermoelementen zu minimieren. Über eine Schienenführung konnte die fixierte und focussierte Bohne innerhalb von etwa einer Sekunde in das Innere der Borosilikatglas-Sichtzelle im Röstofen sowie anschließend wieder in die Kühlzone verbracht werden.

Der Wellenlängenbereich für die Temperaturbestimmung über das IR-Pyrometer liegt zwischen 4,4 und 5,2 μm. Messungen des Reflexionskoeffizienten von Fischer [Fis05] zeigten, dass in diesem Bereich von einem mit der Wellenzahl konstanten Reflexionskoeffizienten auszugehen ist, der mit zunehmender Röstzeit von 0,085 auf 0,12 ansteigt. Da der Emissionsfaktor am Pyrometer zwar einstellbar ist, während der Röstung aber nicht nachgeregelt werden kann, wurde das Pyrometer isotherm kalibriert, indem Kaffeebohnen an Thermoelementen fixiert in den auf verschiedene Temperaturen vorgeheizten Laborröster verbracht wurden. Nach Erreichen der Isothermie der Kaffeebohne wurde das Ausgangssignal des Pyrometers mit der gemessenen Temperatur der Thermoelemente verglichen.

3.3 Quenchverfahren

Bestandteil der Anlage zur Röstung einzelner Kaffeebohnen in Abb. 3.2 war eine Quencheinheit, in der die gerösteten Kaffeebohnen unmittelbar nach der Röstung durch Aufgabe von Wasser oder durch Raumluft gekühlt werden konnten. Auch bei der Quenchkühlung besteht die Möglichkeit, die Bohnenmasse durch Unterflurwägung, Oberflächeneffekte und Volumen durch optische Aufnahme bzw. Längenmessung sowie die Bohnentemperatur im Innern mit Thermoelementen aufzunehmen. Die berührungslose Temperaturmessung an der Oberfläche der Kaffeebohnen erfolgt bei der Gaskühlung, sie wird bei der Wasserkühlung jedoch durch Sprühnebel- und Wasserdampfbildung verhindert.

Aufgrund der geringen volumetrischen Wärmekapazität einer Kaffeebohne findet an ihrer Oberfläche eine schnelle Temperaturänderung statt, sobald die Kaffeebohne aus dem heißen Röstgas in die Kühlkammer verfahren wird. Da zur Untersuchung der Wasserkühlung und der Verdampfung des Kühlwassers an der Oberfläche aber ebendort hohe Temperaturen bis zur Wasseraufgabe erhalten bleiben müssen, ist von der Röstung zur Kühlung sehr schnell zu verfahren. Alternativ wurden statt des Röstofens auch Heißluftgebläse verwendet, so dass aufgrund der geringen Distanzen unmittelbar nach Abschaltung die Kühlung in Raumluft, mit sofortiger Wasseraufgabe

(Sprühkühlung) oder durch unmittelbares Eintauchen (Immersionskühlung) erfolgen konnte. Sowohl mit der einzelnen Kaffeebohne als auch mit Röstkaffeechargen wurden von den unterschiedlichen Quenchmethoden gemäß Abb. 2.4 das Immersionsquenchen und Sprühquenchen jeweils unter Variation der Wassermenge bzw. -mengenströme und -temperatur durchgeführt.

3.4 Charakterisierung von Roh- und Röstkaffee: Analytik ex situ

3.4.1 Röstgrad und Einbrand

Die grünen Kaffeebohnen werden durch den Röstprozess in einen Zustand überführt, der durch den Röstgrad gekennzeichnet ist. In dieser Arbeit werden einerseits das UV-spektrometrisch ermittelte Konzentrationsverhältnis bestimmter Kaffee-Inhaltsstoffe, sowie andererseits der gesamte und organische Masseverlust als Maß für den Röstgrad angegeben.

Bestimmung des Röstgrads mittels UV-Spektrometrie

Bei der auf Mohr [Moh71] zurückgehenden UV-spektrometrischen Methode wird das Spektrum eines wässrigen Röstkaffeeextrakts von 200 nm bis 600 nm aufgenommen. Dabei ergeben sich je nach Röstzustand drei lokale Maxima J_i, die je nach Röstgrad und Kaffeesorte bei etwa 231 nm, 282 nm und 321 nm liegen. Das erste Maximum bei 231 nm wird im Wesentlichen durch Kaffeesäure, Furfurylalkohol und (in untergeordnetem Maß) durch Coffein bestimmt. Aber auch die Pyrolyseprodukte der Citronensäure, wie Citraconsäure und Mesaconsäure ergeben bei 231 nm ein Maximum. Das zweite Absorptionsmaximum von 282 nm wird durch den Gehalt von Coffein, Kaffeesäure, Furfurol, 5-Hydroxymethylfurol und den Pyrolyseprodukten von Zuckern bestimmt. Das dritte Maximum bei 321 nm wird im Wesentlichen durch den Chlorogensäuregehalt und in untergeordnetem Maße durch Kaffeesäure bestimmt. Chlorogensäure wird beim Rösten zersetzt oder durch Einwirkung von Kaffee hydrolysiert und zerfällt in Chinasäure und Kaffeesäure. Das dritte Maximum nimmt daher mit steigendem Röstgrad ab. Aus den gefundenen Maxima werden die folgenden Verhältnisse J gebildet, aus welchen sich die Kennzahlen Q zur Charakterisierung des Röstgrads ergeben:

$$\begin{aligned} E_{231} &= \log \frac{J_{231}}{J_{200}} \\ E_{282} &= \log \frac{J_{282}}{J_{200}} \\ E_{321} &= \log \frac{J_{321}}{J_{200}} \end{aligned} \tag{3.1}$$

$$\begin{aligned} Q_1 &= \frac{E_{282}}{E_{231}} \\ Q_2 &= \frac{E_{321}}{E_{231}} \\ Q_3 &= \frac{E_{321}}{E_{282}} \end{aligned} \tag{3.2}$$

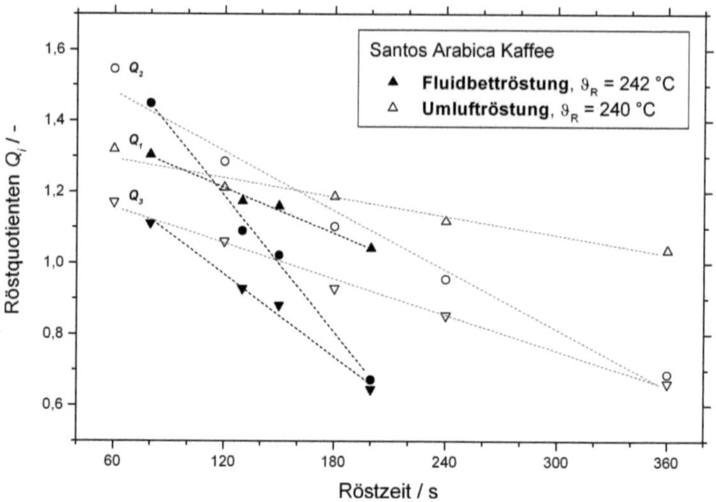

Abbildung 3.4: Verlauf der Röstquotienten von Arabica Santos Kaffeebohnen infolge Fluidbettröstung JR.1.

Für die meist verwendeten Arabica-Kaffeebohnen der Provenienz Santos sind für verschiedenen Röstzustände nach der Fluidbettröstung einer Kaffeecharge, sowie nach der Umluftröstung der einzelnen Kaffeebohne die Quotienten Q_1 bis Q_3 in Abbildung 3.4 aufgetragen. Darin wird deutlich, dass die zur Aufklärung der Röstvorgänge durchgeführte Einzelbohnenröstung mit erzwungener Konvektion hinsichtlich des so definierten Röstgrads für eine mittlere Röstung ($1{,}2 \geq Q_2 \geq 1{,}0$) etwa 1,3 bis 1,5-fach längere Röstzeiten benötigt.

Die mit zunehmender Röstdauer abnehmenden Röstquotienten ermöglichen die Zuordnung eines Röstgrads, sowie den Vergleich von Röstzuständen der Kaffeebohnen aus verschiedenen Röstern und Röstarten. Da es sich beim Röstgrad stets um eine integrale Größe handelt, ist auch der auf diese Weise beschriebene Röstgrad zur Beschreibung des Röstzustands einer Kaffeebohne allein nicht ausreichend. Es sind stets weitere charakteristische, objektiv messbare Größen zur Beschreibung des Röstzustands heranzuziehen.

Bestimmung des Röstgrads als Einbrand

Eine häufig mit dem Röstgrad in Verbindung gebrachte Größe ist der auch als Einbrand bezeichnete Röstverlust, also der Gesamt-Masseverlust der Kaffeebohnen während der Röstung. Er wird bei der Umluft- und Fluidbettröstung durch Differenzwägung der grünen und gerösteten Kaffeebohnen bestimmt:

$$\frac{RV}{\%\ \text{w.b.}} = 100 \cdot \left(1 - \frac{m_{\text{röst}}}{m_{\text{grün}}}\right). \tag{3.3}$$

Der Röstverlust ist wesentlich von der Feuchte der grünen Kaffeebohne, sowie vom Kühlverfahren und der Ruhezeit des Röstkaffees abhängig. Eine davon unabhängige Größe ist der organische Röstverlust gemäß Gl. 3.4, der den Umsatz der Trockensubstanz quantifiziert. Zur Berechnung des organischen Röstverlusts ist es erforderlich, die Feuchte sowohl der grünen Kaffeebohne als auch des Röstkaffees zu ermitteln, wodurch der organische Röstverlust aus unter 3.4.4 diskutierten Gründen eine stärker fehlerbehaftete Größe ist.

$$\begin{aligned} \frac{orgRV}{\%\ \text{d.b.}} &= 100 \cdot \left(1 - \frac{\left(100 - \frac{x_{w,\text{röst}}}{\%\ \text{w.b.}}\right)}{\left(100 - \frac{x_{w,\text{grün}}}{\%\ \text{w.b.}}\right)} \cdot \frac{m_{\text{röst}}}{m_{\text{grün}}}\right), \\ &= 100 \cdot \left(1 - \frac{\frac{TS_{\text{röst}}}{\%\ \text{w.b.}}}{\frac{TS_{\text{grün}}}{\%\ \text{w.b.}}} \cdot \frac{m_{\text{röst}}}{m_{\text{grün}}}\right). \end{aligned} \tag{3.4}$$

3.4.2 Volumen und Dichte

Bei der Berechnung des Volumens einer Kaffeebohne wird von einer halbellipsoidalen Geometrie mit den Achsen Länge L, Breite B und als Halbachse deren Höhe H gemäß Abbildung 3.3 ausgegangen. Das Volumen der Bohne berechnet sich damit zu

$$V = \frac{1}{6}\pi \cdot L \cdot B \cdot H. \tag{3.5}$$

Die Änderung des Volumens wurde neben der online-Bestimmung (vgl. Abschnitt 3.2.1) auch durch Vermessung der Achsen von grünen und gerösteten Bohnen nach Röstabbruch zu verschiedenen Zeiten bestimmt. Neben der Bestimmung der Volumenänderung einzelner Bohnen wurden von jedem Röstgrad stets 100 Kaffeebohnen vermessen und aus den Ergebnissen die Modalwerte der Größenverteilungen gebildet. Die Modalwerte werden zur Berechnung des Bohnenvolumens herangezogen. Durch den mathematischen Vergleich mit dem Volumen bzw. der Oberfläche einer Kugel ergeben sich die zur Beschreibung der thermophysikalischen Vorgänge relevanten Äquivalenz-Durchmesser

$$d_V = \frac{6 \cdot V^{\frac{1}{3}}}{\pi}, \tag{3.6}$$

$$d_{32} = \frac{6}{A/V}, \tag{3.7}$$

als Durchmesser d_V der volumengleichen Kugel bzw. Sauterdurchmesser d_{32} der Kugel mit dem gleichen Verhältnis von Oberfläche zu Volumen.

Unter “Kaffeebohnendichte“ ρ_B wird im Sinne dieser Arbeit die sogenannte Scheindichte verstanden, also das Verhältnis der Masse zum äußeren Volumen der Kaffeebohne, ohne Berücksichtigung ihrer inneren Hohlräume. Abgeschlossene Hohlräume erscheinen deshalb wie Feststoffvolumen und die gemessene Dichte ist so stets geringer als die Reindichte von Röstkaffee. Zu ihrer Bestimmung stand eine Analysenwaage mit Dichtekit zur Verfügung, die die Ermittlung der Gewichtskraft in Luft und der effektiven Gewichtskraft in einem Medium bekannter Dichte ermöglicht. Als Medium wurde Wasser bei Raumtemperatur verwendet, dessen entsprechende Daten dem VDI-Wärmeatlas [VDI91] zu entnehmen sind.

Aus dem Kräftegleichgewicht ergibt sich:

$$\rho_B = \frac{m_{\text{res, in Wasser}}}{m_{\text{res, in Luft}} - m_{\text{res, in Wasser}}} \cdot \rho_W \,. \tag{3.8}$$

3.4.3 Thermophysikalische Stoffeigenschaften und Thermische Analyse

Die thermophysikalischen Stoffeigenschaften und latenten Energien der Kaffeebohnen wurden mit zwei Methoden der Wärmestromkalorimetrie ermittelt, der hot disk Methode sowie der dynamischen Differenzkalorimetrie (DSC) [Hem89].

Die hot disk Methode wurde für die Bestimmung der thermophysikalischen Stoffeigenschaften verwendet, in einer Ausführung der Fa. C3 Analysentechnik GmbH. Bei dieser Methode wird ein flächiger Sensor vom Durchmesser 4 mm auf bzw. zwischen plane Oberflächen von angefrästen Kaffeebohnen gebettet. Der Sensor fungiert als Wärmequelle und Temperatursensor und liefert aufgrund des festgelegten Wärmestroms, der sich ergebenden Temperaturänderung und deren Vergleich mit entsprechenden Berechnungsmodellen die Wärme- und Temperaturleitfähigkeit, sowie die volumetrische Wärmekapazität des umgebenden Materials, hier erkaltete Kaffeebohnen verschiedener Röstzustände.

Die DSC wurde hingegen eingesetzt, um die latenten Energien während der thermischen Behandlung von Kaffee zu bestimmen. Im Rahmen dieser Arbeit kamen das Scheibenmesssystem und das Zylindermesssystem zur Anwendung. Im Scheibenmesssystem gelangt der Wärmestrom über eine Scheibe zur Probe, die in einem Aluminium-Tiegel (D = 5 mm, $V = 40\ \mu$l) zentriert und symmetrisch zur Vergleichsprobe, hier einem Leertiegel, angeordnet ist. Geräte zur Durchführung der Scheiben-Wärmestromkalorimetrie waren eine Mettler Toledo DSC 822 mit Luftkühlung, sowie eine Seiko SSC-5200 mit Flüssig-Stickstoffkühlung. Die Probentiegel waren bei der Realisierung unterschiedlicher Temperatur-Zeit-Programme zur Atmosphäre, Umgebungsluft bzw. einem Stickstoff-Spülgasstrom, offen.

Das Zylindermesssystem besteht aus zylindrischen Probenräumen, denen über gleichmäßig angeordnete Thermosäulen ein Wärmestrom zugeführt wird. Das System nach dem Calvet-Prinzip zeichnet sich durch hohe Empfindlichkeit und stabile Basislinien, aber auch durch eine höhere thermische Trägheit aus. Die Gültigkeit obiger Annahmen erfordert daher geringere Heizraten (bis 2 $\frac{\text{K}}{\text{min}}$). Ermöglicht werden jedoch großvolumige Messzellen, in denen in einem Druck- und Temperaturbereich von 50 mbar – 350 bar und RT – 300 °C Proben von 8.5 – 12.5 cm^3 vermessen werden können. Probenmaterial bei dieser Analyse sind 1 – 2 g ganze Kaffeebohnen.

Die Experimente wurden durch die Fa. Setaram mit dem Calvet-Kalorimeter C80 durchgeführt. Dabei kamen geschlossene, druckfeste Probentiegel, und mit einem Luft-Spülgasstrom durchströmte Probentiegel zum Einsatz.

3.4.4 Feuchte, Sorption und Benetzung

Wassergehalt

Der Wassergehalt der Röstkaffeebohnen wurde nach der Vermahlung in einem Labor-Scheibenmahlwerk auf Korngrößen $x_{50} < 500\ \mu$m gemäß ISO 11294 [ISO94, Wur85] durch Differenzwägung nach vier Stunden Trocknung im Trockenschrank bei 103 °C bestimmt. Für grünen Kaffee und kleine, insbesondere aus den Sorptionsmessungen stammende Proben gerösteten Kaffees erfolgte die Trocknung ganzer Kaffeebohnen bei 105 °C über 16 Stunden [DIN86].

Der bei der Trocknung auftretende Masseverlust wird vollständig als Verlust von Wasser angesehen. Aufgrund der beginnenden thermischen Umsetzung insbesondere der grünen Kaffeebohnen, sowie der Entfernung flüchtiger Bestandteile und eingeschlossener Gase des Röstkaffees ist der Wassergehalt mit gravimetrischen Methoden nicht exakt zu bestimmen. Maier [Mai97a, Mai97b] gibt eine Genauigkeit von 2% bis 5% an. Die Abhängigkeit vom Mahlgrad ist laut Fischer [Fis05] bei Korngrößen 200 μm < x_{50} < 500 μm gering. Bei höherer Mahlfeinheit wird infolge der hohen mechano-thermischen Beanspruchung und Teilverdampfung während der Mahlung, bei geringerer Feinheit aufgrund des höhereren Wärme- und Stofftransportwiderstands während der Trocknung ein geringerer Wassergehalt festgestellt. Die mittels Karl-Fischer-Titration nach Scholz [Sch88] durchgeführte Wasserbestimmung führt regelmäßig zu höheren Werten; der auf diese Weise ermittelte Restwassergehalt in getrocknetem Röstkaffee beträgt etwa 0,4% [Fis05].

Tabelle 3.3: Relative Luftfeuchte über gesättigten Salzlösungen bei verschiedenen Temperaturen nach Greenspan [Gre77].

Salz		Wasseraktivität a_W		
	Temperatur:	20 °C	30 °C	40 °C
Lithiumchlorid	$LiCl$	0,113	0,113	0,112
Magnesiumchlorid	$MgCl_2$	0,331	0,324	0,316
Magnesiumnitrat	$Mg(NO_3)_2$	0,544	0,514	0,484
Natriumchlorid	$NaCl$	0,755	0,751	0,747
Kaliumchlorid	KCl	0,851	0,836	0,812
Kaliumnitrat	KNO_3	0,946	0,923	0,891
Kaliumsulfat	K_2SO_4	0,976	0,970	0,964

Sorptionsverhalten

Die Sorptionsisothermen von ganzen Röstkaffeebohnen wurden durch die Lagerung in Exsiccatoren bei konstanter Temperatur und kontrollierter Luftfeuchte bis zur Einstellung des Sorptionsgleichgewichts bestimmt. Die Einstellung jeweils einer definierten relativen Luftfeuchte in den Exsiccatoren erfolgte über gesättigte Salzlösungen verschiedener anorganischer Salze, die jeweils eine bestimmte relative Luftfeuchte, abhängig von ihrer Löslichkeit in Wasser, erzeugen.

Tabelle 3.3 zeigt die von Greenspan [Gre77] angegebenen Werte der Wasseraktivität der hier verwendeten Salze. Wie von Labuza et al. [Lab85] angegeben, bzw. aus obigen Werten zu berechnen, besteht eine Abhängigkeit der Wasseraktivität von der Temperatur analog der Arrhenius-Funktion.

Die relative Luftfeuchte ist bei geringen Drücken wie folgt mit der Wasseraktivität gleichzusetzen und definiert als

$$\frac{\frac{r.F.}{\%}}{100} = a_w = \frac{p_{\mathrm{H_2O}}}{p^{\mathrm{sat}}_{\mathrm{H_2O}}}. \tag{3.9}$$

Im Gleichgewicht ist das chemische Potential des Wassers im Feststoff gleich dem chemischen Potential in der Umgebungsluft, somit entspricht auch die Wasseraktivität der Kaffeebohnen derjenigen der Umgebung. Durch die Zuordnung des nach Einstellung des Gleichgewichts gravimetrisch bestimmten Wassergehalts der Proben zu der Wasseraktivität ergibt sich die Sorptionsisotherme.

Bei den Sorptionsisothermen von Roh- und Mahlkaffee handelt es sich um Isothermen des Typs II nach der Klassifizierung von Brunauer [Bru45], die einen für Lebensmittel typischen S-förmigen Verlauf aufweisen, wie für grüne Kaffeebohnen Wilbaux et al.

[Wil66], sowie auch für gemahlenen Röstkaffee Zusammenstellungen von Iglesias [Igl82] und Rahman [Rah95], sowie Arbeiten von Cepeda et al. [Cep99] und Fischer [Fis05] zu entnehmen ist. Hintergrund der Analysen waren meist Studien der Haltbarkeit und Lagerfähigkeit in Abhängigkeit der Umgebungsbedingungen, beziehungsweise zuletzt bei Pittia et al. [Pit07] die Veränderlichkeit der Textureigenschaften mit der Wasseraktivität. Da im folgenden die Stofftransportprozesse während der Röstung (Desorption) und Kühlung (Adsorption) ganzer Kaffeebohnen betrachtet werden, wurden im Rahmen dieser Arbeit deren Sorptionsisothermen ermittelt.

Die Beschreibung der Adsorptionsisothermen erfolgt durch die GAB-Näherungsgleichung von Guggenheim, Anderson und de Boer

$$X_{\mathrm{W}} = \frac{w_m \cdot c \cdot k \cdot a_{\mathrm{W}}}{(1 - k \cdot a_{\mathrm{W}}) \cdot (1 - k \cdot a_{\mathrm{W}} + c \cdot k \cdot a_{\mathrm{W}})}\,, \tag{3.10}$$

die eine Weiterentwicklung der Isothermen nach Langmuir und Brunauer, Emmett, Teller (BET) ist [And46, Boe53, Ber85]. Sie beruht auf der Annahme der physikalischen Adsorption in mehreren Schichten, wovon die erste, der sogenannte monolayer, stark an die aktiven Zentren des Sorbents gebunden ist. Der Parameter w_m (monolayer value) ist ein Maß für die Anzahl der aktiven Zentren auf dem Sorbent. Der Parameter c ist ein Maß für die Bindungsstärke der ersten Schicht gegenüber derjenigen in den höheren Schichten, dem multilayer. k steht bezüglich der Bindungsstärke für den Unterschied zwischen Molekülen in der reinen Flüssigkeit und im multilayer. Geht k gegen eins, so besteht kein Unterschied zwischen den höheren Schichten und der flüssigen Phase, womit die GAB-Gleichung in die BET Isotherme übergeht.

Benetzungseigenschaften

Die Bestimmung des Kontaktwinkels von Wasser auf der Oberfläche frisch gerösteter Kaffeebohnen wurde im modifizierten Laborröster (Abb. 3.5) nach der statischen Methode des liegenden Tropfens durchgeführt. Die gerösteten und gekühlten Kaffeebohnen wurden nach unterschiedlichen Ruhezeiten in den Ofen gelegt, und nach Isothermie mit der Umgebung wurde ein Tropfen mit einer Kapillare auf die konvexe Oberfläche aufgesetzt. Die Auswertung der Bilder erfolgte digital mit dem Programm Drop Shape Analysis (DSA) der Firma Kruess. Auf diese Weise wurde der Einfluss der Röstkaffeeherstellung, insbesondere der Rösttemperatur und der Kühlwassertemperatur, auf den Kontaktwinkel von Wasser auf Röstkaffeebohnen bei unterschiedlichen Temperaturen bestimmt, um Rückschlüsse auf die Benetzungseigenschaften während eines Quenchverfahrens mit Wasserzugabe zu ziehen.

Bei der statischen Methode des liegenden Tropfens zur Bestimmung des Kontaktwinkels wird der Tropfen auf der Oberfläche aufgesetzt und losgelassen. Sobald der Tropfen in Ruhe ist, wird der Kontaktwinkel erstmalig gemessen. Der Kontaktwinkel ist unabhängig von der aufgegebenen Wassermenge, sofern der Durchmesser des Tropfens innerhalb von zwei bis sechs Millimetern liegt. Die statische Messung ist jedoch

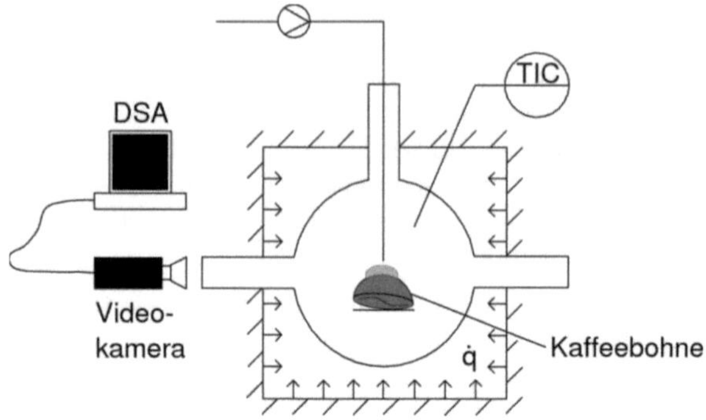

Abbildung 3.5: Modifizierter Laborröster zur Aufnahme von Benetzungsversuchen.

zeitabhängig durch Wechselwirkungen und Stofftransport an den Phasengrenzen, wie Adsorption und Eindringen der Flüssigkeit in den Feststoff, Einlösen von Gasen und Feststoffen in der Flüssigkeit und die Verdampfung der Flüssigkeit.

Prinzipiell treten nach der Tropfenaufgabe eine feste, eine flüssige und eine gasförmige Phase miteinander in Kontakt, so dass am Ort der Dreiphasengrenze drei unterschiedliche Grenzflächenspannungen wirken: σ_{sl}, die Grenzflächenspannung zwischen der festen und der flüssigen Phase; σ_{lv}, die Grenzflächenspannung zwischen der flüssigen und gasförmigen Phase; und σ_{sv}, die Grenzflächenspannung zwischen Festkörper und Gas. Die Young'sche Gleichung setzt die Grenzflächenspannung mit dem Kontaktwinkel Θ gemäß folgender Gleichung 3.11 in Beziehung. Der Kontaktwinkel Θ ist ein Maß für die Benetzbarkeit eines Festkörpers durch eine Flüssigkeit. Young ging davon aus, dass der Festkörper chemisch homogen, massiv und eben ist und nicht durch chemische Wechselwirkungen oder Adsorption von Flüssigkeit oder Dampf verändert wird. Da eine Röstkaffeebohne diesen Voraussetzungen nicht entspricht, ist bei der Betrachtung der Ergebnisse in Abschnitt 5.3.3 insbesondere der Einfluss der Materialbeschaffenheit auf die Kontaktwinkelbestimmung zu diskutieren.

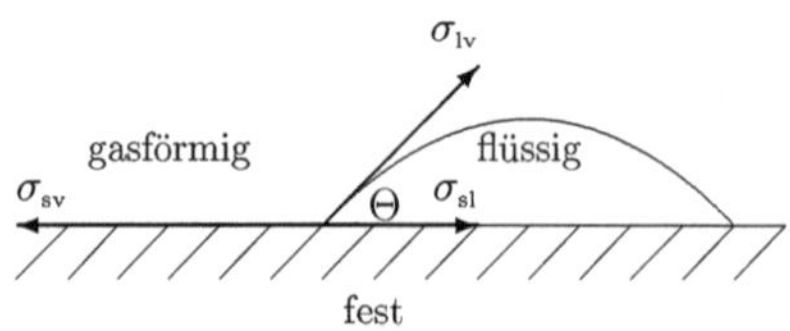

$$\sigma_{sv} = \sigma_{sl} + \cos\Theta \cdot \sigma_{lv}. \tag{3.11}$$

Abbildung 3.6: Definition des Kontaktwinkels.

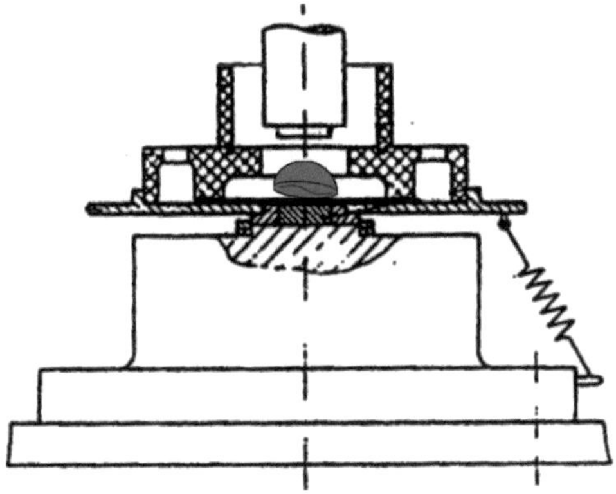

Abbildung 3.7: Einzelkornbeanspruchung einer Kaffeebohne

3.4.5 Bruchverhalten, Mahlbarkeit und Korngrößenanalyse

Bruchverhalten bei Druck- und Prallbeanspruchung

Die Einzelkornbeanspruchung ist die energetisch günstigste Form der Beanspruchung und wird aufgrund dessen häufig als Bezugsmaß für die Effektivität der maschinellen Zerkleinerung herangezogen. Mit dem zugeführten Energiebetrag wachsen die damit erzeugten Spannungen in dem Festkörper. Wird bei der Beanspruchung eine bestimmte Spannung überschritten, kommt es zur Bruchauslösung. Durch den einaxialen Druckversuch und die Penetrometrie wird die dabei aufgewendete Kraft gemessen und so auf die Materialfestigkeit geschlossen. Andernfalls kann eine Prallbeanspruchung mit jeweils gleicher Energie ausgeübt werden, die zum Materialbruch mit Erzeugung eines Feingutanteils führt. Die Partikelgrößenverteilung des Bruchs kann durch die Form des Schlagwerkzeugs und die Art des Angriffspunktes variiert werden. Bei großer Angriffsfläche des Schlagwerkzeugs und mittigem Schlag entsteht ein relativ großer Feingutanteil [Sti95, Pah91].

Das Bruchverhalten der Kaffeebohnen wurde durch Einzelkornbeanspruchung jeweils 100 einzelner Kaffeebohnen einer Röstkaffeecharge untersucht. Hierzu wurden die Kaffeebohnen einzeln mit der flachen Seite mittig auf eine Aufprallfläche gelegt und mit einem Fallgewicht parallel zu ihrer Hochachse prallbeansprucht. Das Fallgewicht mit der Masse 448,16 g fällt aus einer Höhe von 15,1 cm auf die Kaffeebohne. Der entstandene Bruch aller Kaffeebohnen wird anschließend vereinigt und einer Siebanalyse zugeführt.

Die daraus resultierende Korngrößenverteilung charakterisiert das Bruchverhalten des zerkleinerten Materials. Ferner kann mit der neuen spezifischen Oberfläche S_V des zerkleinerten Kollektivs die Energieausnutzung EA, das ist die pro aufgewendeter Zerkleinerungsarbeit neu erzeugte Oberfläche, berechnet werden.

$$EA = \frac{\Delta S_{\text{V}}}{\rho \cdot E_{\text{m}}}, \tag{3.12}$$

mit dem Energieeintrag E_{m}, der sich bei der gewählten Versuchsanordnung für das Bohnenkollektiv mit der Masse m_{B}, sowie Masse m_{F} und Fallhöhe h des Fallkörpers und der Anzahl der Einzelbeanspruchungen n ergibt:

$$E_{\text{m}} = \frac{m_{\text{F}} \cdot n \cdot g \cdot h}{m_{\text{B}}}. \tag{3.13}$$

Mahlung

Für die Vermahlung der Röstkaffeechargen von etwa 250 g wurde zumeist eine elektrische Haushaltskaffeemühle mit einem Scheibenmahlwerk eingesetzt. Der Einzug der Mühle und die geringe Chargengröße ermöglichen jedoch keinen stationären Zustand der Mühle und somit kein Mahlergebnis, das nicht maßgeblich durch das Einzugsverhalten der Mühle mitbestimmt wird. Aus diesem Grund kam darüber hinaus eine Scheibenmühle Stawert Typ VTA6S zum Einsatz, die ein geeigneteres Einzugs- und Mahlverhalten für kleine Durchsatzmengen gewährleistet. In Kooperation mit der projektbegleitenden Industrie wurden Röstkaffeechargen der industriellen Fluidbettröstung in einem Laborwalzenmahlwerk LWM 100 (Neuhaus Neotec) in zwei Mahlsektionen gemahlen.

Korngrößenanalyse

Die Analyse der Korngröße vermahlenen Röstkaffees erfolgte mittels Laserbeugungs-Spektrometrie (HELOS Sympatec). Vermieden wird hierbei die Vermessung einer Dispersion in flüssigen Medien, die bei Kaffeemehl zu Quellung und auch Lösung bestimmter Komponenten führen kann, so dass hier nicht die ursprüngliche Korngröße des Kaffeepartikels detektiert würde. Der Kaffee wird vielmehr trocken dispergiert. Er wird hierzu über ein rotierendes Dosiersystem (RODOS) und eine Schüttelrinne von einem Druckluftstrahl aufgenommen und nach Passieren einer Prallkaskade, zur Auflösung eventuell vorhandener Agglomerate, und einer Düse in diesem Luftstrahl dispergiert. Er wird so durch einen Laserstrahl gefördert, dessen Beugungsspektrum mit optischen Methoden aufgenommen wird und das Aufschluss gibt über die Korngrößenverteilung des Röstkaffeemehls geschlossen werden kann [Fra17, Ste03].

$$Q(x) = \frac{\text{Teilmenge } (x_{\text{min}} \cdots x)}{\text{Gesamtmenge } (x_{\text{min}} \cdots x_{\text{max}})} \tag{3.14}$$

$$q(x) = \frac{d\,Q(x)}{d\,x} \tag{3.15}$$

Die Massenverteilungssumme Q_3, das ist der Anteil an der Gesamtmenge, der unterhalb einer bestimmten Partikelgröße x liegt (Gl. 3.14), und die Massenverteilungsdichte q_3 haben jeweils bestimmte Kenngrößen, die zur Charakterisierung der Verteilung dienen. Dies sind als Einzelwerte der Medianwert x_{50}, die Partikelgröße, unterhalb derer 50% der Partikelmenge liegen, sowie der Modalwert x_{h}, das Maximum der Verteilungsdichtekurve. Gibt es zwei Maxima der Verteilungsdichtekurve, wie in der Regel beim gemahlenen Röstkaffee, spricht man von einer bimodalen Verteilung. Als Mittelwert wird aus den Verteilungen insbesondere die spezifische Oberfläche gemäß Gl. 3.16 berechnet, bzw. der Sauterdurchmesser d_{32} als mittlere Partikelgröße, deren spezifische Oberfläche der des gesamten Partikelkollektivs entspricht. Ist der Formfaktor $\varphi = 1$, wie hier angenommen, so ist d_{32} der Durchmesser einer Kugel und S_{v} die spezifische Oberfläche des Kollektivs unter Annahme kugelförmiger Partikeln [Sti95].

$$S_{\mathrm{v}} = 6\,\varphi \cdot \int_{x_{\min}}^{x_{\max}} \frac{1}{x} \cdot q_3(x)\,dx \tag{3.16}$$

$$d_{32} = \frac{6\,\varphi}{S_{\mathrm{v}}} \tag{3.17}$$

Um Korngrößenverteilungen vergleichen zu können, besteht die Möglichkeit, sie als spezielle Verteilungen darzustellen, die zweiparametrige Näherungen für die gemessenen Verteilungen sind. Die Parameter stehen für die Lage und die Breite der Verteilung. Obgleich für die Darstellung der bimodalen Kornverteilung von Röstkaffeemehl formal ungeeignet, wurde als spezielle Verteilung die RRSB-Funktion gemäß Gleichung 3.18 herangezogen, in der $x' = x_{63,2}$ für die Lage, und die Gleichmäßigkeitszahl n für die Breite der Verteilung steht.

$$Q(x) = 1 - \exp\left\{-\left(\frac{x}{x'}\right)^n\right\}. \tag{3.18}$$

4. Wärmetransport und latente Energien

4.1 Äußerer Wärmeübergang

4.1.1 Anströmung mit gasförmigen Medien

Der äußere Wärmeübergang bei der Röstung von Kaffeebohnen kann für die volumengleiche Kugel aus Funktionen für den dimensionslosen Wärmeübergangskoeffizienten berechnet werden. Für die einzeln angeströmte Kugel gilt nach [VDI91]

$$\mathrm{Nu}_d = 2 + \sqrt{\mathrm{Nu}_{d,\mathrm{lam}}^2 + \mathrm{Nu}_{d,\mathrm{turb}}^2}\,, \tag{4.1}$$

$$\begin{aligned} \text{mit}\quad \mathrm{Nu}_{d,\mathrm{lam}} &= 0,664 \cdot \mathrm{Re}_d^{0,5} \cdot \mathrm{Pr}^{\frac{1}{3}}\,,\\ \mathrm{Nu}_{d,\mathrm{turb}} &= \frac{0,037 \cdot \mathrm{Re}_L^{0,8} \cdot \mathrm{Pr}}{1 + 2,443 \cdot \mathrm{Re}^{-0,1} \cdot \left(\mathrm{Pr}^{\frac{2}{3}} - 1\right)}\,, \end{aligned}$$

in einem Gültigkeitsbereich der dimensionslosen Kennzahlen $1 \leq \mathrm{Re} \leq 10^6$ und $0,6 < \mathrm{Pr} < 1000$. Werden die Kaffeebohnen als Festbett angeströmt, erhöht sich bei gleicher Leerrohrgeschwindigkeit die Geschwindigkeit am einzelnen Partikel reziprok mit dem Leerraumanteil ε. Mit der modifizierten Reynoldszahl

$$\mathrm{Re} = \frac{w_{\mathrm{frei}} \cdot d}{\nu \cdot \varepsilon}$$

ergibt sich der dimensionslose Wärmeübergangskoeffizient unter Annahme gleichförmiger Kugeln nach Gnielinski [Gni78, Gni82] zu

$$\mathrm{Nu}_m = [1 + 1,5 \cdot (1 - \varepsilon)] \cdot \mathrm{Nu}_d\,. \tag{4.2}$$

Überschreitet die Anströmgeschwindigkeit die Lockerungsgeschwindigkeit, so wird die Kaffeeschüttung bei ungehinderter Ausdehnung fluidisiert. Die Reynoldszahl ist für den Lockerungspunkt L, den Austragspunkt A und den Bereich der fluidisierten Schüttung für Archimedeszahlen $\mathrm{Ar} < 2 \cdot 10^{10}$ zu berechnen aus

Tabelle 4.1: Fluidisierung und Wärmeübergang von Kaffeeschüttungen bei der Anströmung mit Luft der Temperatur 250 °C (Röstung) bzw. 20 °C (Kühlung).

		Rohkaffee	Röstkaffee	
		Röstung		Kühlung
Geometrie	d_V /mm	6,0	7,3	7,3
physikal. Eigenschaften	ρ / $\frac{\text{kg}}{\text{m}^3}$	1200	550	550
	Ar /–	$2,2 \cdot 10^6$	$1,8 \cdot 10^6$	$7,5 \cdot 10^6$
Lockerungspunkt	w_L / $\frac{\text{m}}{\text{s}}$	2,6	1,9	1,5
	Re_L /–	372	336	711
	α / $\frac{\text{W}}{\text{m}^2 \cdot \text{K}}$	234,5	183,5	167,4
Austrag	w_A / $\frac{\text{m}}{\text{s}}$	17,6	13,1	10,3
	Re_A /–	2510	2262	4877
	α / $\frac{\text{W}}{\text{m}^2 \cdot \text{K}}$	250,3	194,5	186,9

$$\text{Re}_L = 42,9 \cdot (1-\varepsilon_L) \cdot \left[\sqrt{1 + \frac{\varepsilon_L^3}{(1-\varepsilon_L)^2} \cdot \frac{\text{Ar}}{3214}} - 1\right], \tag{4.3}$$

$$\text{Re}_A = 18 \cdot \left(\sqrt{1 + \frac{1}{9}\sqrt{\text{Ar}}} - 1\right)^2, \tag{4.4}$$

$$\frac{\text{Re}}{\text{Re}_A} = \frac{w}{w_A} = \varepsilon^n \quad \text{mit} \quad n = \left[\frac{\ln\left(\frac{\text{Re}_L}{\text{Re}_A}\right)}{\ln \varepsilon_L}\right]. \tag{4.5}$$

Mit den Vorgaben des Durchmessers und der Lockerungsporosität einer Kaffeeschüttung $\varepsilon_L = 0,5$ werden unter Verwendung der Stoffdaten von Roh- und Röstkaffee sowie der Umgebungsluft die in Tabelle 4.1 zusammengestellten Werte ermittelt.

Eine Auftragung der Nusselt- über der Reynoldszahl zeigt den Zusammenhang zwischen Mechanik (Fluidisierung) und Wärmeübergang. Je nach apparativer Durchführung werden die drei Bereiche Festbett, Fluidbett und pneumatische Förderung (entsprechend der Umströmung von Einzelkugeln) bei möglicher Fluidisierung einer Kaffeeschüttung mit zunehmender Röstgasgeschwindigkeit durchschritten.

Bei jeweils etwa gleichen Nusseltzahlen für grünen und gerösteten Kaffee als Festbett bzw. Einzelkugel zeigt sich ein Unterschied zunächst in der Mechanik. Lockerungs-

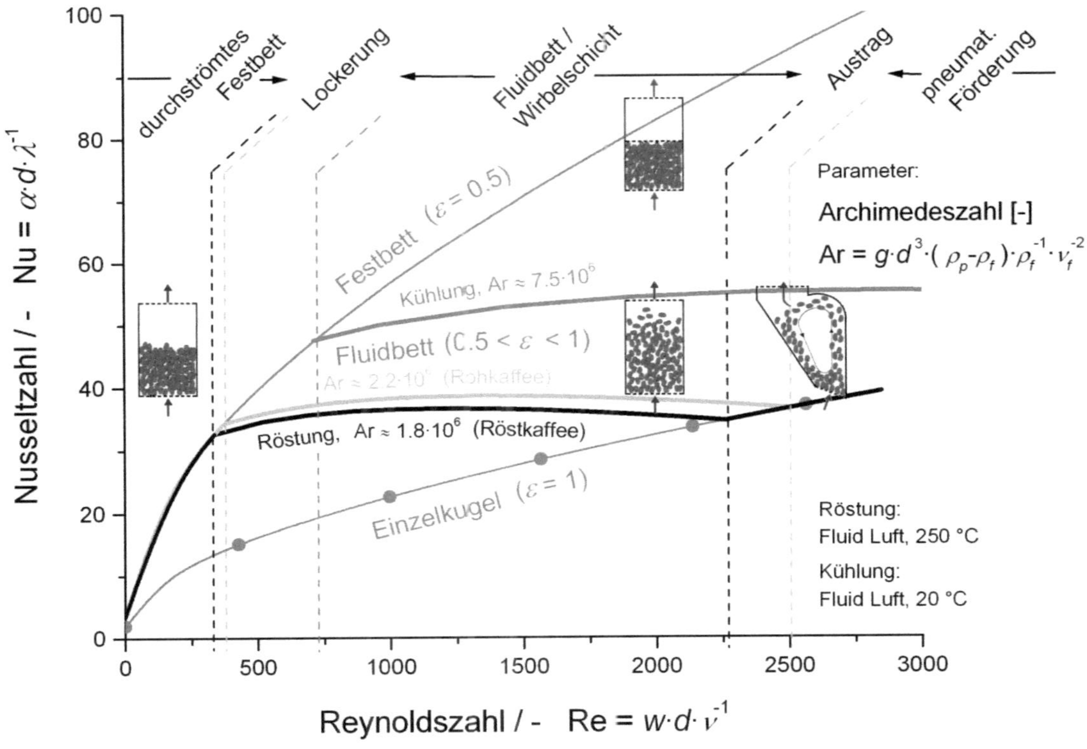

Abbildung 4.1: Wärmeübergang an einem einer Kaffeebohne volumengleichen, kugelförmigen Partikel in Abhängigkeit der Anströmgeschwindigkeit.

und Austragsgeschwindigkeit sind bei größerem Korn mit geringerer Dichte (i.e. Röstkaffee) kleiner. Die Nusseltzahl ist während der Fluidisierungsphase in der Wirbelschicht mit einem schwach ausgeprägten Maximum bei $w \approx 7\ \frac{\mathrm{m}}{\mathrm{s}}$, Re $\approx$ 1200 für Röstkaffee, bzw. auf etwas höherem Niveau bei $w \approx 9,5\ \frac{\mathrm{m}}{\mathrm{s}}$, Re $\approx$ 1350 für Rohkaffee, nahezu konstant. Oberhalb der Fluidisierungsgeschwindigkeit ist ein höherer Wärmeübergang nur zu realisieren, wenn die Kaffeeschüttung weiterhin als Festbett durchströmt wird. Bei annähernd konstanten Nusseltzahlen nimmt der Wärmeübergangskoeffizient aufgrund des zunehmenden Durchmessers mit dem Röstgrad leicht ab. Im fluidisierten Wirbelbett sinkt der über den gesamten Geschwindigkeitsbereich der Fluidisierung annähernd konstante Mittelwert von $\alpha \approx 250\ \frac{\mathrm{W}}{\mathrm{m^2 \cdot K}}$ (Rohkaffee) auf $\alpha \approx 195\ \frac{\mathrm{W}}{\mathrm{m^2 \cdot K}}$ für Röstkaffee.

Der Anteil der durch Strahlung übertragenen Wärme nimmt mit der Röstung leicht zu. Wärmeübergangskoeffizienten der reinen Strahlungsröstung liegen im Bereich von $17\ \frac{\mathrm{W}}{\mathrm{m^2 \cdot K}}$ bis $32,5\ \frac{\mathrm{W}}{\mathrm{m^2 \cdot K}}$.

Für die in Abb. 4.1 eingetragene Kühlung ist festzustellen, dass sich in Festbett und an der Einzelkugel ähnliche, in einem fluidisierten Wirbelbett jedoch wesentlich höhere dimensionslose Größen ergeben. Aufgrund der veränderten Dichte und Viskosität des Fluids Luft jedoch ist letztlich von ähnlichen dimensionsbehafteten Größen, wie dem Wärmeübergang $\alpha \approx 190\ \frac{\mathrm{W}}{\mathrm{m^2 \cdot K}}$ auszugehen. Auch der Austrag der Kaffeebohnen kann trotz höher realisierbaren Reynoldszahlen bereits bei einer Geschwindigkeit von etwa $10\ \frac{\mathrm{m}}{\mathrm{s}}$ erfolgen.

4.1.2 Kontakt mit flüssigen Quenchmedien

Die Kühlung von Röstkaffee kann durch die Aufgabe von Quenchwasser beschleunigt werden. Dabei hängen der Betrag der Wärmemenge und die Kinetik ihrer Übertragung wesentlich von den Einflussfaktoren Menge und Temperatur des aufgegebenen Wassers ab. Die Kühlung einer Röstkaffeebohne kann besonders dann beschleunigt werden, wenn sie von dem Quenchmedium gut benetzt wird, und wenn dieses an ihrer heißen Oberfläche zu sieden beginnt. Es werden der Kaffeebohne dann große Energiemengen zur Verdampfung des Wassers entzogen, und der Siedemechanismus kann den Wärmeübergangskoeffizienten gegenüber der Luftkühlung erheblich erhöhen. Diese beiden Phänomene werden im folgenden näher untersucht.

Wärmeübergang durch Siedekühlung

Die in Abhängigkeit der Überhitzung der Oberfläche prinzipiell auftretenden Siedemechanismen entsprechen den von Nukiyama [Nuk66] beschriebenen Phasen Konvektionssieden, Blasen-, Übergangs- und Filmsieden. Die dabei auftretenden Wärmeübergangskoeffizienten sind gegenüber denen der konvektiven Luftkühlung um ein bis zwei Größenordnungen erhöht.

Im Falle der Kühlung kleiner Röstkaffeechargen mit Wasser bei Raumtemperatur treten vor allem die unterkühlte Verdunstung, wenn das Wasser unterhalb der Sättigungstemperatur bleibt, sowie Konvektionssieden und bei beginnender Keimbildung das Blasensieden auf. Oberflächentemperaturen bzw. Temperaturdifferenzen, die in den Bereich des Filmsiedens reichen, treten bei der Verwendung von Wasser bei Raumtemperatur nicht auf, da die Bohnenoberfläche bereits stark abkühlt, bis das Wasser seine Sättigungstemperatur erreicht. Die Bohnenoberfläche ist somit bis zu dessen vollständiger Verdampfung stets in Kontakt mit flüssigem Quenchmedium.

Einen Anhaltspunkt für das Auftreten von Siedevorgängen an der Oberfläche einer Röstkaffeebohne gibt die Kontakttemperatur $\vartheta_{\text{Kont.}}$, die unter der Annahme zweier sich berührender, halbunendlicher Körper mit den Anfangstemperaturen ϑ_{W} des Wassers und ϑ_{K} des Röstkaffees berechnet werden kann. Gemäß Baehr und Stephan [Bae98] berechnet man

$$\vartheta_{\text{Kont.}} = \vartheta_{\text{B}} + \frac{b_{\text{W}}}{b_{\text{W}} + b_{\text{B}}}(\vartheta_{\text{W}} - \vartheta_{\text{B}}), \tag{4.6}$$

$$\text{mit} \quad b_{\text{i}} = \sqrt{\lambda_{\text{i}} c_{\text{p,i}} \rho_{\text{i}}}.$$

Mit den entsprechenden Stoffdaten des Wassers [VDI91] und denen des Röstkaffees gemäß Kapitel 4.2 ergibt sich die in Abbildung 4.2 dargestellte Kontakttemperatur.

Bei den industriell relevanten Röst-Endtemperaturen des Kaffees zwischen 300 °C und 200 °C ist von spontaner Siedekühlung auszugehen, sofern das Quenchmedium auf 55 °C bzw. 75 °C vorgewärmt war.

Bei Quenchvorgängen auf sehr heißen Oberflächen und mit einem Überschuss des Quenchmediums ist grundsätzlich festzustellen, dass das Kühlvermögen des Quenchmediums umso größer ist, je niedriger seine Temperatur [Lis92]. Dies gilt so auch für Röstkaffeebohnen, sofern eine hinreichend lange Kontaktzeit gewährt wird. Aufgrund der parallel auftretenden Wiederbefeuchtung, die bei Röstkaffee nur in geringem Maße gewünscht und zulässig ist, treten jedoch meist nur sehr kurze Kontaktzeiten einer Röstkaffeecharge mit geringen Mengen Wassers auf. Wenn zudem die Temperaturüberhöhung der Oberflächen gegenüber der Siedetemperatur des Quenchmediums verhältnismäßig gering ist, kann warmes Wasser durch die unverzüglichen Siedevorgänge die höhere Kühlwirkung aufweisen.

Aufgrund der geringen Temperaturüberhöhung, der kurzen Kontaktzeit mit einer geringen Menge Wassers und dem Zwangsübergang zu Luftkühlung kann der Wärmeübergang während der Sprühkühlung nicht direkt gemessen bzw. den Siedevorgängen zugeordnet werden. Aus Temperaturverläufen der Kaffeebohnen, vergleiche

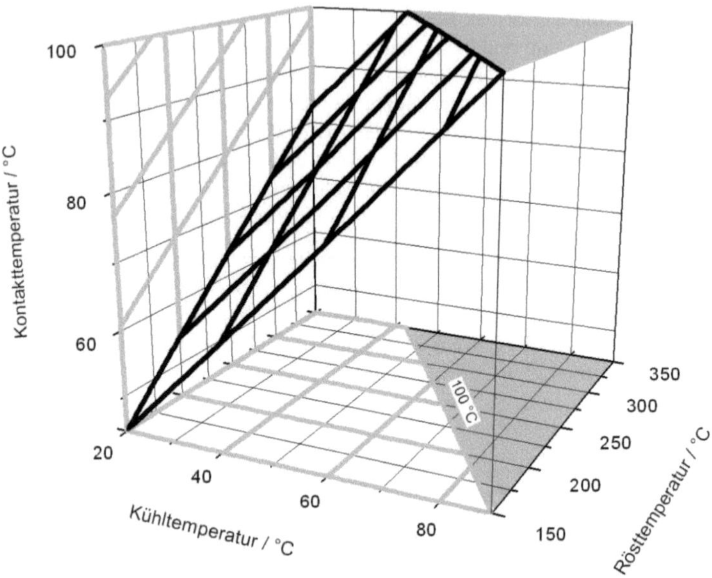

Abbildung 4.2: Kontakttemperatur an der Oberfläche einer Röstkaffeebohne unmittelbar nach Röstabbruch mit Wasser verschiedener Anfangstemperatur.

Kapitel 6.1.2, wurde jedoch deutlich, dass hier das Filmsieden nur bei kleinen Massenströmen und kleinen Tropfendurchmessern auftritt. Andernfalls, wie bei den industriell üblichen hohen Wasserbeaufschlagungsdichten, bildet sich kein geschlossener Dampffilm aus. Entsprechend höher sind Wärmestromdichte und Abkühlgeschwindigkeit.

Eine Abschätzung der Wärmestromdichte kann erfolgen, indem jeweils der erste Abschnitt von Abkühlkurven durch den exponentiellen Verlauf der Temperaturänderung infolge Wärmeübergangs dargestellt wird. Unter der Annahme einer einheitlichen Temperatur T im Inneren der Kaffeebohne lautet diese

$$\frac{dT}{dt} = -\frac{\alpha \cdot A}{m \cdot c_\mathrm{p}} \cdot (T - T_\mathrm{U}) , \tag{4.7}$$

so dass in Kenntnis der Geometrie, Masse und Wärmekapazität der Kaffeebohne der Wärmeübergangskoeffizient α, und aus der Ableitung an der Stelle $t = 0$ die Wärmestromdichte $\dot{q}$ unmittelbar bei Kontakt mit dem Quenchmedium berechnet werden kann:

$$\dot{q}\,\Big|_{\mathrm{t=0}} = \frac{m \cdot c_\mathrm{p}}{A} \cdot \frac{dT}{dt}\,\Big|_{\mathrm{t=0}} = \alpha \cdot (T - T_\mathrm{U}) . \tag{4.8}$$

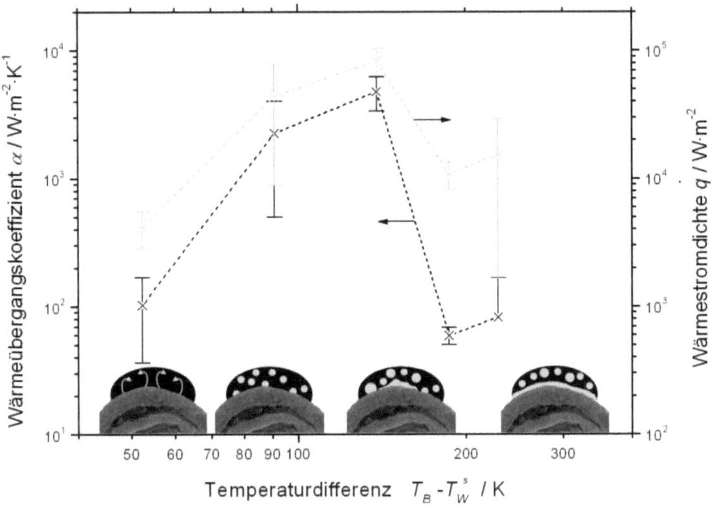

Abbildung 4.3: Siedemechanismen und Wärmeübergang an der Oberfläche einer Röstkaffeebohne während der Immersionskühlung unmittelbar nach Röstabbruch bei verschiedenen Temperaturdifferenzen $\Delta T = T_B - T_W$.

Bei einer Röstkaffeetemperatur von 250 °C ergab sich für die Kühlung mit Raumluft eine anfängliche Wärmestromdichte von etwa $5 \cdot 10^3\ \frac{W}{m^2}$, bei der erzwungenen Anströmung $2 \cdot 10^4\ \frac{W}{m^2}$, bei der Sprühkühlung mit geringer Beaufschlagungsdichte $1 \cdot 10^5\ \frac{W}{m^2}$, und bei hoher Beaufschlagungsdichte $5 \cdot 10^5\ \frac{W}{m^2}$. Neben der Inhomogenität und Anisothermie der Kaffeebohne werden bei dieser Berechnung jedoch auch die verschiedenen Mechanismen der Verdunstungskühlung maskiert, aufgrund derer die Wärmestromdichte real noch höher liegen wird.

Immersionskühlung in siedendem Wasser

Eine Diskretisierung der Siedemechanismen ist nur dann möglich, wenn das Abkühlverhalten der einzelnen Kaffeebohne bei Immersionskühlung unter Vorlage siedenden Wassers untersucht wird. Hier stellen sich unmittelbar in Abhängigkeit der Überhitzung der Oberfläche die verschiedenen Siedemechanismen ein. Auch hier konnten die für die Darstellung in einem Siedediagramm, Abb. 4.3, benötigte Oberflächentemperatur und insbesondere der Wärmeübergangskoeffizient und die Wärmestromdichte experimentell nicht direkt bestimmt werden. Sie wurden jedoch aus zeitlich hoch auflösenden Temperaturmessungen im Inneren anhand eines bezüglich Geometrie und örtlicher Diskretisierung der Kaffeebohne stark vereinfachten Modells berechnet. Die Werte erlauben, die Siedebereiche weitgehend zu diskretisieren. Die Temperaturbereiche der auftretenden Siedephänomene stimmen bezüglich der Überhitzung nicht exakt mit den von Nukiyama für kompakte Oberflächen angegebenen Werten überein, sondern sind zu geringeren Temperaturen hin verschoben. Dies kann mit der Porosität und Permeabilität der Oberfläche einer Kaffeebohne erklärt werden, da die Rauhigkeiten und Poren sowie die austretenden Röstproduktgase als zusätzliche Blasenkeimstellen wirken. Bei Verwendung von siedendem Wasser sind die Wärmeübergangsraten insbesondere bei einer Oberflächentemperatur über 250 °C so gering, dass ab hier von dem Übergang zum Filmsieden bzw. der Ausbildung eines stabilen Dampffilms auszugehen ist.

Benetzbarkeit von Röstkaffeebohnen

Als Maß für die Benetzbarkeit der Oberfläche von Röstkaffeebohnen wird der Kontaktwinkel herangezogen, der mikroskopisch von Temperatur, Druck und den aufeinander treffenden Phasen, so unter anderem auch deren Verunreinigungen und Oberflächenbeschaffenheit, abhängig ist, sowie makroskopisch von der Geometrie der Feststoffoberfläche. Ein Vergleich mit anderen Systemen wie Holz [Sch90] oder metallischen Oberflächen [Sho94, Hor89] lässt annehmen, dass die Benetzbarkeit durch verschiedene Eigenschaften der frisch gerösteten Kaffeebohne positiv beeinflusst wird. So tragen die hohe Temperatur, die Porosität der Oberfläche, die Verunreinigung der Flüssigphase durch das teilweise Einlösen von Kaffeebestandteilen und umgekehrt auch die Befeuchtung der Oberfläche durch das Eindringen der Flüssigkeit vermutlich zu einer Erhöhung ihrer Benetzbarkeit bei. Diese ist für den Wärmeübergang vor allem dann von Bedeutung, wenn dieser im Bereich des Übergangssiedens von wiederholten flüssig-fest Kontakten bestimmt ist.

4.2 Thermophysikalische Stoffdaten und Wärmeleitung

Die vorliegende Darstellung der thermophysikalischen Eigenschaften von Kaffeebohnen beruht auf den Messergebnissen mit der hot disk Methode, vgl. Abschnitt 3.4.3. Zu beachten ist, dass die Ergebnisse die Wärme- und Temperaturleitfähigkeit, sowie die volumetrische Wärmekapazität von Kaffeebohnen verschiedener Röstzustände darstellen, jedoch im erkalteten Zustand nach der Wirbelschichtröstung.

Die Messwerte für die Temperaturleitfähigkeit lassen keinen eindeutigen Trend erkennen. Die Wärmeleitfähigkeit der grünen Bohnen ist mit $0,183\ \frac{W}{m \cdot K}$ am höchsten, sie nimmt mit zunehmendem Röstgrad jedoch schnell ab. Ab 40 Sekunden Röstzeit schwanken die Messwerte um einen Mittelwert von $0,11\ \frac{W}{m \cdot K}$. Eindeutig ändert sich auch die volumetrische Wärmekapazität, die mit zunehmendem Röstgrad sinkt. Unter Hinzunahme der eigens gemessenen Dichteänderung, vgl. Kapitel 5.2 wurden daraus die massespezifischen Wärmekapazitäten berechnet. Die volumetrische Wärmekapazität und die Dichte der Kaffeebohnen nehmen während der Röstung in solchem

Maße ab, dass die massebezogene Wärmekapazität bei einem gewichteten Mittel von $1,29\ \frac{\mathrm{kJ}}{\mathrm{kg \cdot K}}$ etwa konstant bleibt. Auffällig ist hier besonders der geringe Wert für die grünen Bohnen, die aufgrund ihres höheren Wassergehalts und der Überlagerung der Wärmekapazität des Wassers eine insgesamt höhere spezifische Wärmekapazität aufweisen als geröstete Bohnen.

Das Niveau der mit dieser Methode bestimmten Wärmekapazität ist insgesamt niedrig. Wird die spezifische Wärmekapazität einer gemahlenen Probe mittels der Differenzkalorimetrie ermittelt, so ergeben sich hingegen deutlich höhere Werte im Bereich von $1,44\ \frac{\mathrm{kJ}}{\mathrm{kg \cdot K}}$ (Raemy, [Rae81]) bis $2,4\ \frac{\mathrm{kJ}}{\mathrm{kg \cdot K}}$ (Heiss, [Hei68]), die dort jedoch nicht unabhängig von Temperatur, der gewählten Temperaturänderungsrate und der sich überlagernden Reaktionswärmen der parallel ablaufenden Reaktionen bestimmt werden kann, siehe dazu auch folgenden Abschnitt 4.3.

In der Berechnung der Kaffeeröstung in Abschnitt 6.2 wurde der Ansatz gewählt, die Wärmekapazität als lineare Überlagerung der Wärmekapazitäten der trockenen Bohnenmatrix und des darin gebundenen Wassers einzubringen, unter Annahme einer trockenen Wärmekapazität von $2,3\ \frac{\mathrm{kJ}}{\mathrm{kg \cdot K}}$. Die Wärmeleitfähigkeit wurde obigen Messungen entnommen, jedoch in Abhängigkeit der Bohnenkerntemperatur, die zum Zeitpunkt des Röstabbruchs vorherrschte, formuliert. Dabei ergibt sich über den Röstverlauf eine exponentielle Abnahme mit Annäherung an den Endwert $0,1\ \frac{\mathrm{W}}{\mathrm{m \cdot K}}$ wie folgt:

$$\frac{\lambda}{\frac{\mathrm{W}}{\mathrm{m \cdot K}}} = 0,1 + 0,083 \cdot \left(- \frac{\frac{T}{^{\circ}\mathrm{C}} - 25}{83,894} \right). \qquad (4.9)$$

Tabelle 4.2: Thermophysikalische Stoffeigenschaften von Kaffeebohnen Santos Arabica nach Röstabbruch der Fluidbettröstung JR.1 bei 242 °C zu verschiedenen Zeiten, ermittelt mit der Methode hot disk (Fa. C3-Analysentechnik).

Röstzeit	Wärme-leitfähigkt.	Temperatur-leitfähigkt.	volumetr. Wärmekapazität	Dichte	spez. Wärmekapazität
$\frac{t_{\mathrm{R}}}{\mathrm{s}}$	$\frac{\lambda_{\mathrm{B}}}{\frac{\mathrm{W}}{\mathrm{m \cdot K}}}$	$\frac{a_{\mathrm{B}}}{10^{-6}\ \frac{\mathrm{m}^2}{\mathrm{s}}}$	$\frac{c_{v,\mathrm{B}}}{10^3\ \frac{\mathrm{kJ}}{\mathrm{m^3 \cdot K}}}$	$\frac{\rho_{\mathrm{B}}}{\frac{\mathrm{kg}}{\mathrm{m}^3}}$	$\frac{c_{p,\mathrm{B}}}{\frac{\mathrm{kJ}}{\mathrm{kg \cdot K}}}$
0	0,183	0,158	1,183	1.200	0,985
40	0,112	0,103	1,101	830	1,33
80	0,115	0,135	0,850	630	1,35
130	0,110	0,135	0,817	620	1,32
150	0,101	0,116	0,881	595	1,48
200	0,106	0,164	0,644	590	1,09

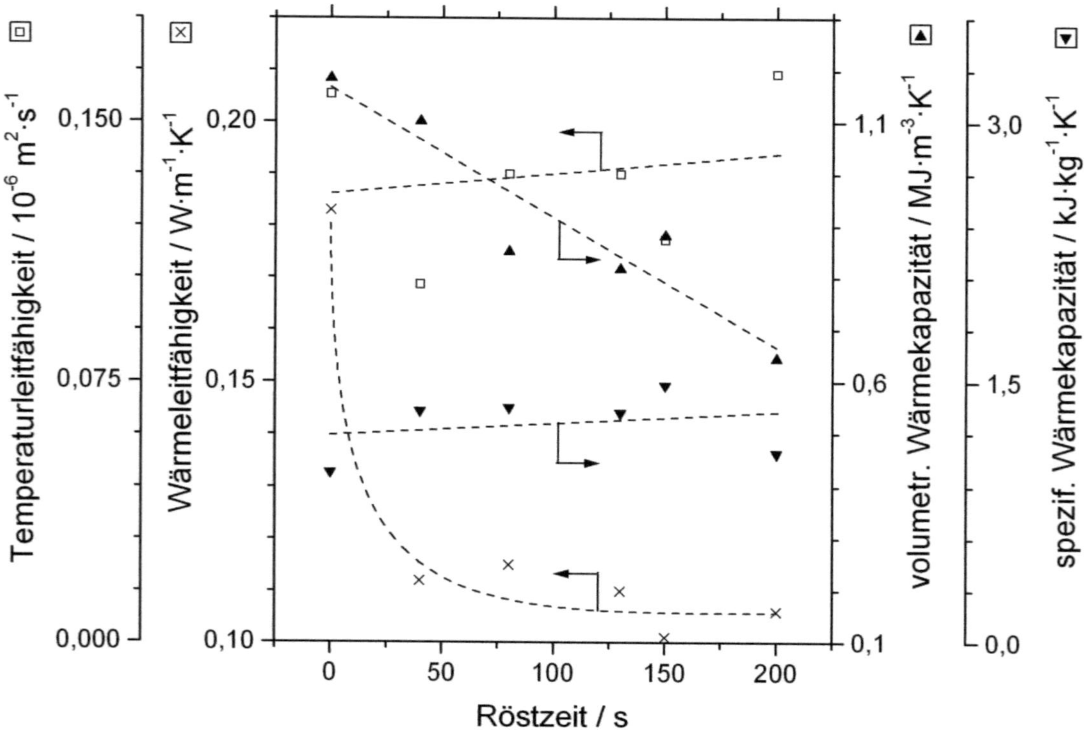

Abbildung 4.4: Thermophysikalische Stoffeigenschaften von Kaffeebohnen Santos Arabica nach Röstabbruch der Fluidbettröstung JR.1 bei 242 °C zu verschiedenen Zeiten, ermittelt mit der Methode hot disk (Fa. C3-Analysentechnik).

4.3 Thermische Analyse

Die thermische Analyse kommt über die Ermittlung thermophysikalischer, temperaturabhängiger Stoffdaten hinaus zum Einsatz, wenn bei der thermischen Behandlung von Stoffsystemen chemische und physikalische Veränderungen stattfinden, die den Energieumsatz und die Stoffeigenschaften des Materials beeinflussen. Sie dient dazu, sowohl die endothermen und exothermen Reaktionsenthalpien, die sogenannten latenten Energien, als auch die Kinetik der Reaktionen zu ermitteln. Dazu werden bei der Wärmestromkalorimetrie Probe und Vergleichsprobe einem Temperaturprogramm unterzogen. Sobald in der Probe Reaktionen stattfinden, weicht der ihr zugeführte Wärmestrom zur Aufrechterhaltung des Temperaturprogramms von dem der Vergleichsprobe zugeführten Wärmestrom ab. Der direkt zu bestimmende Differenzwärmestrom entspricht der differentiellen, latenten Energie der Probe. Annahmen der Wärmestromkalorimetrie, sowie Voraussetzung für die Bestimmung des Wärmestroms sind die folgenden:

- Homogenität und einheitliche Korngröße der Probe,
- konstante Heizrate,
- Isothermie von Probenraum und Probe,
- definierte Atmosphäre im Probenraum.

Unter obigen Annahmen ermöglicht die Scheiben-Wärmestromkalorimetrie sowohl kleine Temperaturänderungsraten zur Auftrennung und Quantifizierung der thermischen Effekte, als auch große Temperaturänderungsraten, die mit dem Ziel der Ermittlung von Reaktionskinetiken unter prozessnahen Bedingungen erforderlich sind. Aufgrund der geringen Probengröße kommt regelmäßig Mahlkaffee (grün gemahlen) zum Einsatz. Ein für Mahlkaffee typisches Thermogramm, das unter einer äußeren Stickstoff-Atmosphäre in drucklosen Probentiegeln entstand, zeigt Abb. 4.5.

Während eine endotherme Phase, die mit dem Übergang der Feuchte vom flüssiggebundenen in den gasförmigen Zustand in Verbindung zu bringen ist, bei einer Temperaturänderungsrate von 10 $\frac{\text{K}}{\text{min}}$ im Temperaturbereich von etwa 30 °C bis 150 °C abgrenzbar ist, beginnt nachfolgend eine in der Summe der latenten Energien exotherme Phase der Röstreaktionen. Obiges Thermogramm stützt die Beobachtungen von Baltes [Bal77] sowie Pittia et al. [Pit01a] für vergleichbare Messungen, dass sich besonders oberhalb 150 °C endotherme (u.a. nicht-enzymatische Bräunung) und exotherme (u.a. Carbonisierung, Zersetzung) Reaktionen gegenseitig maskieren. Diese Überlagerung zeigt sich auch beim Vergleich des regulären und des entcoffeinierten Mahlkaffees in Abb. 4.5, da in der exothermen Phase der regulären Probe ein endothermer Effekt im Schmelzbereich des Coffeins (234 °C – 239 °C) auftritt. In der weiteren Phase sind Röstung und Zersetzung nicht zu unterscheiden, die obige Thermoanalyse führt zu Gesamt-Masseverlusten von ca. 70 %. Mangels einer klar erkennbaren Basislinie ist

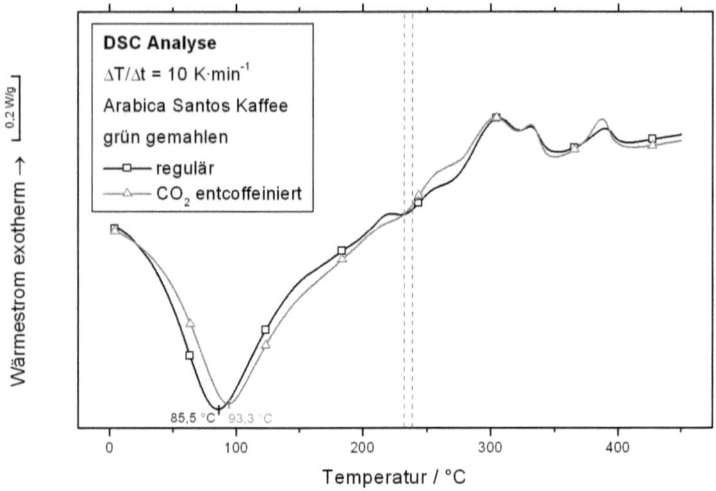

Abbildung 4.5: Dynamische Differenz-Kalorimetrie (DSC) von Mahlkaffee aus regulärem und CO_2-entcoffeiniertem Arabica Kaffee. *Bezug: Masse der grünen Bohne.*

auch die Quantifizierung der effektiven latenten Energien nicht möglich. Pittia et al. [Pit01a] integrierten Peakflächen in sehr engen Temperaturbereichen, und geben sowohl für die Endothermie mit 39,1 $\frac{J}{g}$ im Bereich 20 °C – 130 °C, als auch für eine exotherme Teilreaktion mit 44,6 $\frac{J}{g}$ im Bereich 290 °C – 350 °C Werte an, die deutlich unter den aus thermischen Analysen (Small et al. [Sma93], Raemy et al. [Rae81, Rae82]) oder der Bilanzierung des Röstprozesses (Sievetz et al. [Siv79], Vincent et al [Vin77]) stammenden Daten liegen.

Um von der thermischen Analyse auf die Abläufe unter Prozessbedingungen schließen zu können, wurden im Rahmen dieser Arbeit modifizierte Methoden angewandt, die im folgenden diskutiert werden.

4.3.1 Ermittlung der latenten Energien

DSC Scheibenmesssystem

Die differentielle Wärmestromkalorimetrie wurde mit unterschiedlichen konstanten Heizraten bis zu der Temperatur $\vartheta = 240$ °C durchgeführt, die sowohl bei den in dieser Arbeit durchgeführten Röstprozessen, vgl. Kap. 6, als auch während industrieller HTST-Röstprozesse üblicherweise in Röstkaffeebohnen erreicht wird [Sch00a]. Der Heizphase schließt sich eine Kühlphase auf Raumtemperatur mit der gleichen Temperaturänderungsrate an. Auf diese Weise wird die Mahlkaffeeprobe, der thermischen Zer-

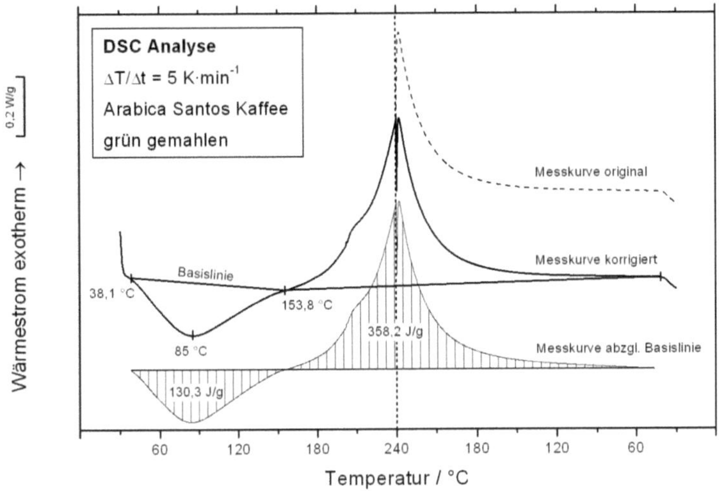

Abbildung 4.6: Ermittlung der latenten Energien mittels dynamischer Differenz-Kalorimetrie (DSC) von Mahlkaffee. *Bezug: Masse der grünen Bohne.*

setzung vorbeugend, wieder auf eine Temperatur unterhalb der Röstreaktionsbedingungen gebracht. Nach einer Korrektur des Thermogramms an der Stelle der Wärmestromumkehr existiert eine Basislinie, die ausgehend von Wendepunkten des Thermogramms konstruiert wurde. Ein bei 5 $\frac{\mathrm{K}}{\mathrm{min}}$ aufgenommenes Thermogramm zeigt Abb. 4.6, die sich für verschiedene Temperatur-Änderungsraten ergebenden Wendepunkt- bzw. Onset- und Peaktemperaturen, sowie die latenten Energien sind in Tab. 4.3 zusammengefasst.

Die hier verwendeten Rohkaffeemuster hatten eine unterdurchschnittliche Feuchte. Dennoch kann bei verschiedenen Heizraten mit hoher Reproduzierbarkeit eine endotherme latente Energie quantifiziert werden. Sie beträgt, bezogen auf die Anfangsfeuchte, durchschnittlich nur etwa 78 % der über den Temperaturbereich gemittelten Verdampfungsenthalpie reinen Wassers i.H.v. 2,28 $\frac{\mathrm{kJ}}{\mathrm{g}}$, so dass auch hier davon auszugehen ist, dass sich endotherme und exotherme Effekte teilweise maskieren. Bezogen auf die umgesetzte Trockenmasse ergibt sich eine exotherme Reaktionsenthalpie von $2,6 \pm 0,3$ $\frac{\mathrm{kJ}}{\mathrm{g}}$. Sowohl der Temperaturbereich der Reaktionen, als auch die exotherme Energie und damit der Gesamtumsatz der DSC-Röstung sind stark von der gewählten Temperaturänderungsrate abhängig. Während bei niedrigen Heizraten ≤ 2 $\frac{\mathrm{K}}{\mathrm{min}}$ aufgrund der hohen Verweilzeit ein zu großer Einbrand entsteht, ist bei Heizraten ≥ 20 $\frac{\mathrm{K}}{\mathrm{min}}$ der Übergang der endothermen zur exothermen Röstphase, und damit eine Basislinie, nicht mehr exakt zu bestimmen. Es ist folgerichtig, dass im Röstprozess mit anfänglichen, aber nicht konstanten Temperaturänderungsraten um 100 $\frac{\mathrm{K}}{\mathrm{min}}$ die Entfernung der Feuchte jedenfalls bei Temperaturen jenseits von 100 °C, vermutlich sogar erst jenseits von 135 °C maximal ist.

Tabelle 4.3: Latente Energien aus der dynamischen Differenz-Kalorimetrie (DSC) von Mahlkaffee. *Bezug: Masse der grünen Bohne.*

Sorte	Provenienz	DSC	Endothermie			Exothermie		Masseverlust
		dT/dt	T_{onset}	T_{peak}	ΔH_{endo}	T_{onset}	ΔH_{exo}	Δm
		$\frac{K}{min}$	°C	°C	$\frac{J}{g}$	°C	$\frac{J}{g}$	%
Arabica	Santos	2	33,5	72,3	**122,5**	142,5	**514,2**	29,6
		5	38,1	83,9	**130,3**	153,8	**358,2**	18,8
		10	39,3	91,0	**127,1**	163,8	**239,2**	14,9
		20	44,6	111,2	***(163,1)***	198,9	***(125,6)***	*(n.a.)*
		60	51,3	135,6	***(141,4)***	216,9	***(218,8)***	*(n.a.)*
	Columbia	5	35,7	71,8	**128,9**	145,3	**275,5**	20,4
	Kenia	5	34,8	75,3	**126,2**	145,9	**339,2**	21,6
Robusta	Vietnam	5	35,5	76,6	**154,1**	158,7	**241,1**	20,6

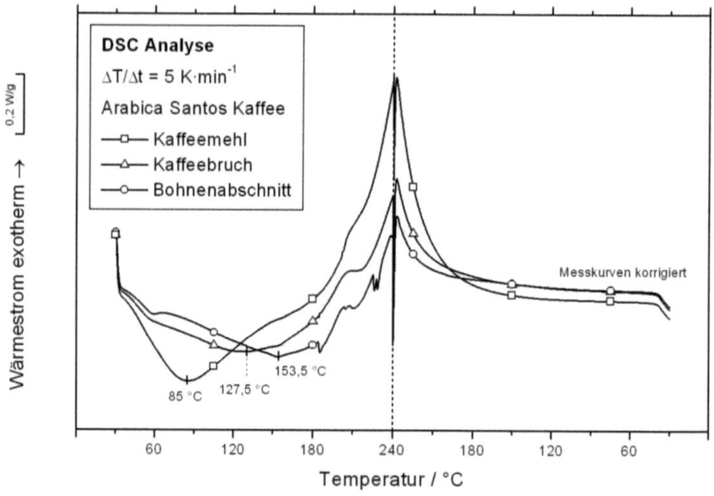

Abbildung 4.7: Ermittlung der latenten Energien mittels dynamischer Differenz-Kalorimetrie (DSC) von Kaffeebruch. *Bezug: Masse der grünen Bohne.*

Analog zu der Annahme einer isothermen Probe bei der Verwendung kleinster Mengen Mahlkaffees besteht auch kein Stofftransportwiderstand, der sich auf Umsatz und Kinetik der Reaktionen auswirkt. Erst die Verwendung von Bruchstücken grüner Kaffeebohnen, sowie einer mit Stanze und Schleifer aus einer grünen Kaffeebohne herauspräparierten Scheibe zeigt, dass auch die Materialfeinheit einen wesentlichen Einfluss

Tabelle 4.4: Latente Energien aus der dynamischen Differenz-Kalorimetrie (DSC) von Arabica Santos Kaffee mit unterschiedlicher Materialfeinheit, Temperaturänderungsrate 5 K·min^{-1}. *Bezug: Masse der grünen Bohne.*

Material-feinheit	Endothermie			Exothermie		Masseverlust
	$\frac{T_{onset}}{°C}$	$\frac{T_{peak}}{°C}$	$\frac{\Delta H_{endo}}{\frac{J}{g}}$	$\frac{T_{onset}}{°C}$	$\frac{\Delta H_{exo}}{\frac{J}{g}}$	$\frac{\Delta m}{\%}$
Mahlkaffee (< 1 mm)	38,1	83,9	**130,3**	153,8	**358,2**	18,8
Kaffeebruch (> 1 mm)	35,2	120,5	**128,9**	184,3	**222,8**	17,9
Bruchstück (~ 2,5 mm)	37,2	153,3	***(161,6)***	210,7	***(130,0)***	19,6

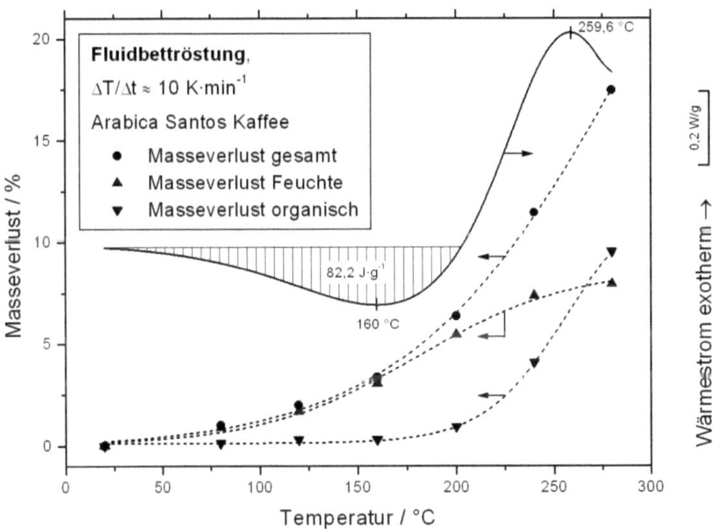

Abbildung 4.8: Berechnung der latenten Energien für die Fluidbettröstung mit Röstgas-Temperaturstufen $\Delta T/\Delta t \approx 10\ \frac{\mathrm{K}}{\mathrm{min}}$. *Bezug: Masse der grünen Bohne.*

auf die Lage der Peaks der Thermogramme in Abb. 4.7 hat. Bei einer weitgehend intakten Bohnenmatrix hemmen der Stofftransportwiderstand und ein in den Poren steigender Innendruck die Verdampfung, die dann bei Temperaturen über 180 °C mit spontanen endothermen Peaks die exotherme Röstphase maskiert und eine diskrete Quantifizierung der Röstphasen verhindert. Trotz der effektiv geringeren latenten Energien blieb der Einbrand der DSC-Röstung unabhängig von der Materialfeinheit.

Hierin ist ein Hinweis auf die weitgehende Überlagerung der endothermen und exothermen Reaktionen bei zerstörungsfreier thermischer Analyse, sowie im weiteren bei der Röstung ganzer Kaffeebohnen zu sehen. Zur Bestätigung wurde ein Röstprozesses ganzer Kaffeebohnen als Fluidbettröstung mit Röstgas-Temperaturstufen und einer mittleren Heizrate von 10 $\frac{\mathrm{K}}{\mathrm{min}}$ durchgeführt. Assoziiert man den zu verschiedenen Zeiten der Röstung ermittelten Gewichtsverlust der Feuchte und der Trockensubstanz mit den o.a. Reaktionsenthalpien der Verdampfung (2,28 $\frac{\mathrm{kJ}}{\mathrm{g}}$) beziehungsweise des TS-Umsatzes (2,6 $\frac{\mathrm{kJ}}{\mathrm{g}}$), so ergibt sich durch Superposition das Thermogramm in Abb. 4.8, das nochmals eine deutliche Verschiebung der Reaktionspeaks zu höheren Temperaturen aufzeigt. Bei einer horizontal angenommenen Basislinie ergibt sich die endotherme Reaktionsenthalpie, bezogen auf den grünen Kaffee, zu 82,2 $\frac{\mathrm{J}}{\mathrm{g}}$, was einer Maskierung zu etwa 60 % durch die einsetzende Exothermie entspricht.

Thermische Analyse nach dem Calvet-Prinzip

Die thermische Analyse ganzer Kaffeebohnen kann in großvolumigen Messzellen nach dem Calvet-Prinzip erfolgen. Raemy und Lambelet [Rae81, Rae82] stellten dabei fest, dass die Messung im geschlossenen System bzw. unter 10 bar und 20 bar Schutzgasatmosphäre das Auftreten eines endothermen Peaks verhindert, da die Siedetemperatur des Wassers erhöht ist und Wasser entsprechend dem thermodynamischen Gleichgewicht nur in geringen Mengen aus dem Kaffee entfernt wird. Messungen der Fa. Setaram im Rahmen dieser Arbeit haben gezeigt, dass die Siedetemperatur des Wassers aufgrund eines Druckanstiegs auf ca. 100 bar bei 275 °C infolge der Temperaturerhöhung, sowie der Bildung von Wasserdampf und gasförmiger Reaktionsprodukte, nicht erreicht wird. Abb. 4.9 stellt die Thermogramme der geschlossenen Analyse dem offenen System gegenüber. Im geschlossenen System wird die Endothermie weitgehend ausgeblendet, und die scheinbare exotherme Enthalpie erreicht einen integralen Wert von 441,8 $\frac{\mathrm{J}}{\mathrm{g}}$, bevor auch diese Reaktion dem Prinzip von Le Chatelier und Braun entsprechend abklingt. Die Analyse im offenen System, mit Ausnahme der geringen Heizrate den Prozessbedingungen des industriellen Röstprozesses entsprechend, weist eine endotherme Enthalpie aus, sowie den Übergang zu einem exothermen netto-Wärmestrom, der für die ungehinderte Reaktion erneut den Übergang vom Rösten zur Zersetzung aufzeigt, so dass mangels der Basislinie die exotherme Enthalpie der Röstreaktion nicht zu bestimmen ist. Der Versuch, eine Basislinie zu erzeugen, indem eine bereits abreagierte Probe einem weiteren Lauf der thermischen Analyse mit gleichem Temperaturprogramm unterzogen wird, ist aufgrund der Materialänderung und der in gleicher Größenordnung wieder einsetzenden exothermen Zersetzungsreaktionen nicht möglich.

Verbrennungskalorimetrie

Am Institut für physikalische Chemie der Technischen Universität Braunschweig wurden von Fischer [Fis05] verbrennungskalorimetrische Messungen durchgeführt. Die Bestimmung des oberen Heizwerts ΔH_O erfolgte an Kaffeebohnen verschiedener Röstzustände aus der Fluidbettröstung JR.1. Da bei der Brennwertbestimmung das in den Bohnen enthaltene Wasser nach der Analyse flüssig vorliegt, besteht ein Unterschied

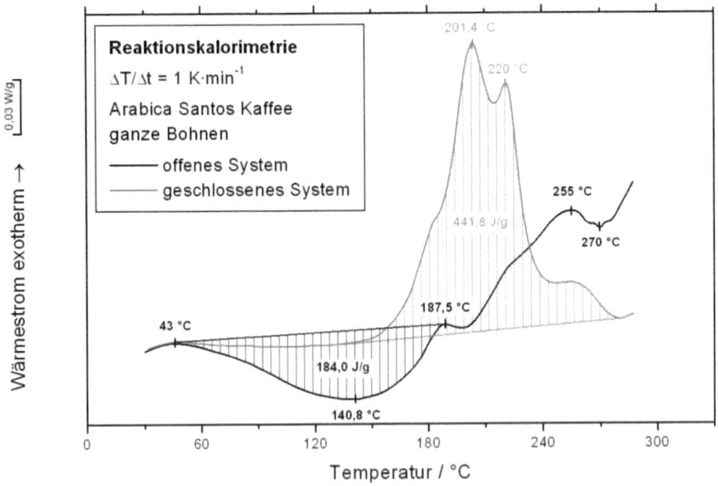

Abbildung 4.9: Ermittlung der latenten Energien mittels Reaktionskalorimetrie ganzer Kaffeebohnen, Fa. Setaram. *Bezug: Masse der grünen Bohne.*

im Brennwert hauptsächlich im summarisch exothermen Umsatz der Trockenmasse. Nach Berücksichtigung der Änderung der fühlbaren Wärme kann somit auf die exotherme Reaktionsenthalpie geschlossen werden, die während der Röstung der Kaffeebohnen von einem Röstzustand auf den folgenden frei geworden war. Der Brennwert der angerösteten Kaffeebohnen nimmt mit zunehmendem Röstgrad zu.

Abbildung 4.10 zeigt den Brennwert der grünen und der Röstkaffeebohnen, der unter Berücksichtigung des jeweiligen Masseverlusts während der vorangegangenen Röstung mit dem Röstgrad abnimmt. Die Reduktion von anfangs 20,03 $\frac{\text{kJ}}{\text{g}}$ auf 18,85 $\frac{\text{kJ}}{\text{g}}$ nach 130 Sekunden Röstzeit ist in Abhängigkeit vom organischen Röstverlust in guter Näherung durch den exponentiellen Ansatz

$$\frac{\Delta H_O}{\frac{\text{MJ}}{\text{kg}}} = 18,75 + 1,26 \cdot \exp\left(-\frac{\frac{orgRV}{\%}}{2,36}\right) \tag{4.10}$$

zu beschreiben. Anschließend tritt während der Röstung vor Erreichen einer Kerntemperatur von 230 °C eine endotherme Röstphase auf, bevor sich der exotherme Verlauf fortsetzt. Die integrale Reaktionsenthalpie folgt dem gleichen exponentiellen Verlauf, formal mit einer Annäherung an 1030 $\frac{\text{J}}{\text{g}}$:

$$\frac{\Delta H_{\text{exo}}}{\frac{\text{J}}{\text{g}}} = 1030 \cdot \left(1 - \exp\left(-\frac{\frac{orgRV}{\%}}{2,9}\right)\right), \tag{4.11}$$

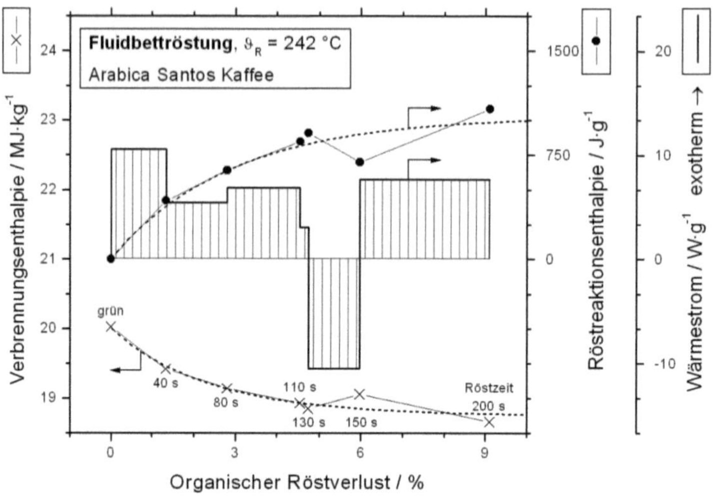

Abbildung 4.10: Ermittlung der Röstreaktionsenthalpie nach Fluidbettröstung JR.1 aus verbrennungskalorimetrischen Messungen von Fischer [Fis05]. *Bezug: Masse der grünen Bohne.*

4.3.2 Reaktionskinetik

Kinetik der endothermen Reaktion

Sofern der Gesamtenergieumsatz einer Reaktion vom Temperaturprogramm der thermischen Analyse unabhängig ist, kann aus mindestens zwei isothermen Messungen bei verschiedenen Temperaturen oder nicht-isothermen Messungen bei verschiedenen Temperaturänderungsraten auf die Kinetik der ablaufenden Reaktion geschlossen werden. Im vorliegenden Fall ist die Quantifizierung der endothermen Röstphase bei verschiedenen Heizraten annähernd reproduzierbar, so dass unter der Annahme der Analogie der Entfernung von Materialfeuchte mit einer chemischen Reaktion deren Kinetik ermittelt werden kann. Der Umsatz ξ der Reaktion sei dabei beschreibbar über den reaktionskinetischen Ansatz

$$\frac{\mathrm{d}\xi}{\mathrm{d}t} = k(T)\,\mathrm{f}(\xi), \tag{4.12}$$

worin die Temperaturabhängigkeit durch die Arrhenius-Gleichung

$$k(T) = A \cdot \exp\left(\frac{-E_A}{R \cdot T}\right), \tag{4.13}$$

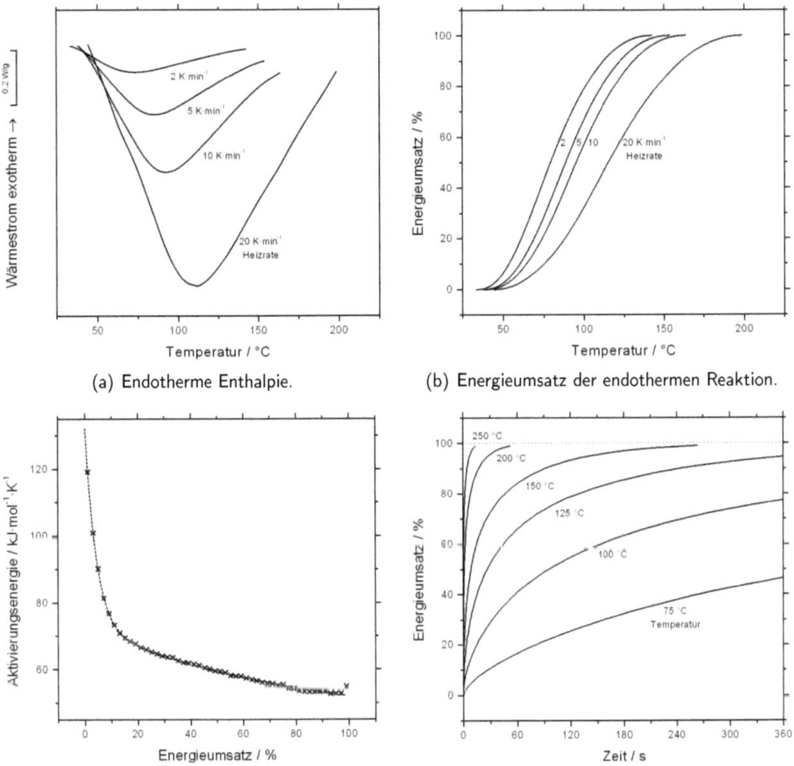

(a) Endotherme Enthalpie.

(b) Energieumsatz der endothermen Reaktion.

(c) Umsatzabhängige Aktivierungsenergie.

(d) Kinetik der endothermen Reaktion.

Abbildung 4.11: Modellfreie Kinetik der endothermen Reaktion von Arabica Santos Mahlkaffee während der differentiellen Wärmestromkalorimetrie (DSC).

und die Umsatzfunktion f(ξ) durch ein beliebiges Reaktionsmodell berücksichtigt wird. In Unkenntnis der genauen Reaktionsmechanismen und einer Reaktionsordnung, bzw. bei während der Reaktionsdauer aufgrund chemischer und physikalischer Veränderungen nicht konstanter Mechanismen, können die aus der Wärmestromkalorimetrie mit verschiedenen, konstanten Heizraten gewonnenen Umsatzkurven durch eine modellfreie Kinetik ausgewertet werden [Vya06, Oza65]. Dabei wird davon ausgegangen, dass die Aktivierungsenergie vom Umsatz, bei einem bestimmten Umsatz jedoch nicht von der Temperaturänderungsrate abhängig ist (Isokonversionsmethode). Mit einer jeweils konstanten Heizrate $\beta|_i$ ergibt sich die linearisierte Form

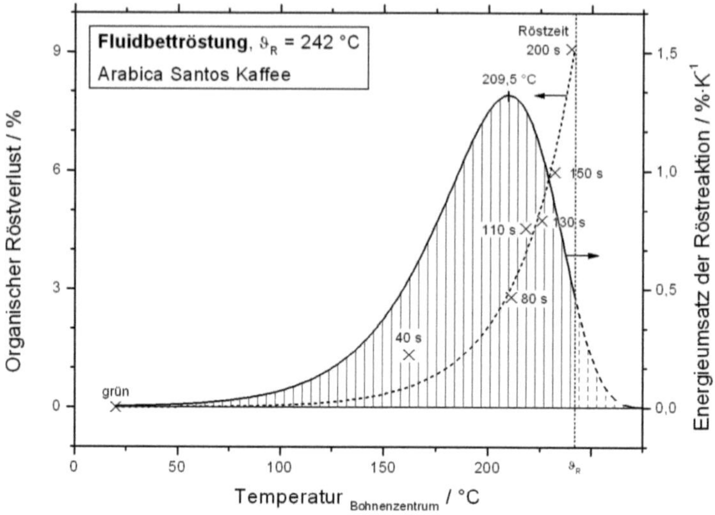

Abbildung 4.12: Organischer Röstverlust und Röstreaktionskinetik während der Fluidbettröstung JR.1.

$$\ln\left[\beta|_i \cdot \left.\frac{\mathrm{d}\xi}{\mathrm{d}T}\right|_{\xi,i}\right] = \ln\left[A \cdot \mathrm{f}(\xi)\right] - \frac{E_A}{R \cdot T|_{\xi,i}}, \tag{4.14}$$

über die aus den Umsatzkurven in Abb. 4.11 (b) die Aktivierungsenergie (c) der Reaktion zu bestimmen ist. Ohne Annahme eines Reaktionsmechanismus oder die Bestimmung des prä-exponentiellen Faktors in Gl. 4.13 kann allein aus den gewonnenen Daten der umsatzabhängigen Aktivierungsenergie auf die Umsatzkurven bei unterschiedlichen Heizraten bzw. auf den Umsatz bei Isothermie, vgl. Abb. 4.11 (d), geschlossen werden. Hinsichtlich einer Übertragbarkeit der für Mahlkaffee gefundenen Kinetik auf die Entfernung der Feuchte aus Kaffeebohnen während der Röstung ist zu beachten, dass die dort auftretende Diffusionskontrolle und Druckabhängigkeit der komplexen Reaktionen bei der thermischen Analyse von Mahlkaffee unberücksichtigt blieb.

Kinetik des TS-Umsatzes

Wird für die Fluidbettröstung, die der Brennwertbestimmung vorausgegangen war, der jeweilige organische Röstverlust über der jeweils erreichten Kerntemperatur aufgetragen, so ergibt sich aufgrund der Annäherung der Kerntemperatur an die Temperatur des Röstgases eine exponentielle Zunahme des organischen Röstverlusts gemäß

$$\frac{orgRV}{\%} = -3,27 \cdot 10^{-3} \cdot \left(1 - \exp\left(\frac{\frac{\vartheta}{^\circ\mathrm{C}} - 20}{27,92}\right)\right), \tag{4.15}$$

Durch Ersatz des organischen Röstverlusts in Gleichung 4.11 durch Gleichung 4.15 ergibt sich für die in Abb. 4.12 normalisiert dargestellte Umsatzfunktion

$$\xi = 1 - \exp\left(\frac{3,27 \cdot 10^{-3}}{2,9} \cdot \left(1 - \exp\left(\frac{\frac{\vartheta}{^\circ\mathrm{C}} - 20}{27,92}\right)\right)\right). \tag{4.16}$$

Sie stellt den Reaktionsverlauf der ex-situ verbrennungskalorimetrisch bestimmten, summarisch exothermen Röstreaktion während der Fluidbettröstung bei 242 °C dar. Der Reaktionspeak ergibt sich bei 209,5 °C. Für die Aufstellung einer extrapolierbaren modellfreien oder Formalkinetik der Röstreaktion bedarf es einer systematischen, z.B. verbrennungskalorimetrischen Untersuchung der durch verschiedene isotherme Röstverfahren erreichten Röstzustände, die im Rahmen dieser Arbeit nicht durchgeführt werden konnte.

5. Stofftransport und Materialeigenschaften

5.1 Sorptionsverhalten

Die Sorptionsisothermen von Roh- und Röstkaffee weisen den für Lebensmittel typischen S-förmigen Verlauf auf. Hinsichtlich der Wasseraktivität in Mahlkaffee und Kaffeebohnen ist daher davon auszugehen, dass im Wasser gelöste Stoffe (kolligativer Effekt), die Porosität und Kapillaren des Feststoffs (kapillarer Effekt) und Wechselwirkungen des Wassers mit funktionalen Gruppen (Oberflächeneffekt) die Wasseraktivität senken. Insbesondere die während der Röstung stark zunehmende Porosität und Änderung der Struktur der Kaffeebohnen begünstigen die Kondensation von Wasser in Poren. An einer gekrümmten Wasseroberfläche in den Poren interagieren Wassermoleküle stärker miteinander als auf nicht-porösen, ebenen Flächen. Die Tendenz zur Verflüchtigung ist gehemmt und der Dampfdruck über dem Meniskus in den Poren abgesenkt. Maßgeblich für diesen kapillaren Effekt sind besonders kleine Poren mit $r_p \approx 1\mu$m [Lab00]. Schenker [Sch00a] fand durch Quecksilberporosimetrie einen mittleren Porenradius von $r_p = 13.4$ nm der für Stofftransportvorgänge maßgeblichen Mikroporen in Zellwänden von HTST-gerösteten Kaffeebohnen. Dennoch weist Röstkaffee bei gleicher relativer Feuchte eine geringere Kapazität für die Feuchtesorption auf als Rohkaffee, vgl. Abb. 5.1. Es ist davon auszugehen, dass Oberflächeneffekte infolge der physikalisch-chemischen Veränderungen und einer damit zunehmenden Hydrophobie der Matrix die Wasseraktivität steigern. Dies ist für Temperaturerhöhungen allgemein von Quirijns et al. [Qui05], für die Temperaturerhöhung bei der Vermessung von Kaffeemehl [Hay78], sowie auch für den Einfluss der Röstung auf die Sorptionsisothermen von Nuss-Bruchstücken von Martínez und Chiralt [Mar96] gezeigt worden. Es kommt zu einer Verschiebung der Sorptionsisothermen nach rechts in Verbindung mit einer Abnahme des sehr fest und schwach gebundenen Wassers. Bei Wassergehalten über 10 % ist in Roh- und Röstkaffee von der Gegenwart ungebundenen Wassers auszugehen, vgl. Diaz et al. [San81].

Die von Fischer [Fis05] an Kaffeemehl verschiedener Röstzustände, sowie die eigenen an Röstkaffeebohnen bei unterschiedlicher Umgebungstemperatur gemessenen Gleichgewichte lassen sich über einen großen Bereich der Wasseraktivität ($a_w \leq 0.98$) in guter Näherung durch die GAB-Gleichung 3.10 beschreiben. Tabelle 5.1 gibt einen Überblick über die Parameter, die jeweils durch eine individuelle Anpassung der Messwerte nach der Methode der kleinsten Fehlerquadrate gefunden wurden.

Die GAB-Parameter zeigen, dass sowohl w_m, das Maß für die Anzahl von aktiven Zentren, als auch besonders die Bindungsstärke der ersten adsorbierten Schicht (Parameter c) infolge der Röstung der Kaffeebohnen abnehmen. Die gefundenen Werte stimmen gut mit in der Literatur berichteten Werten überein, so geben Pittia et al.

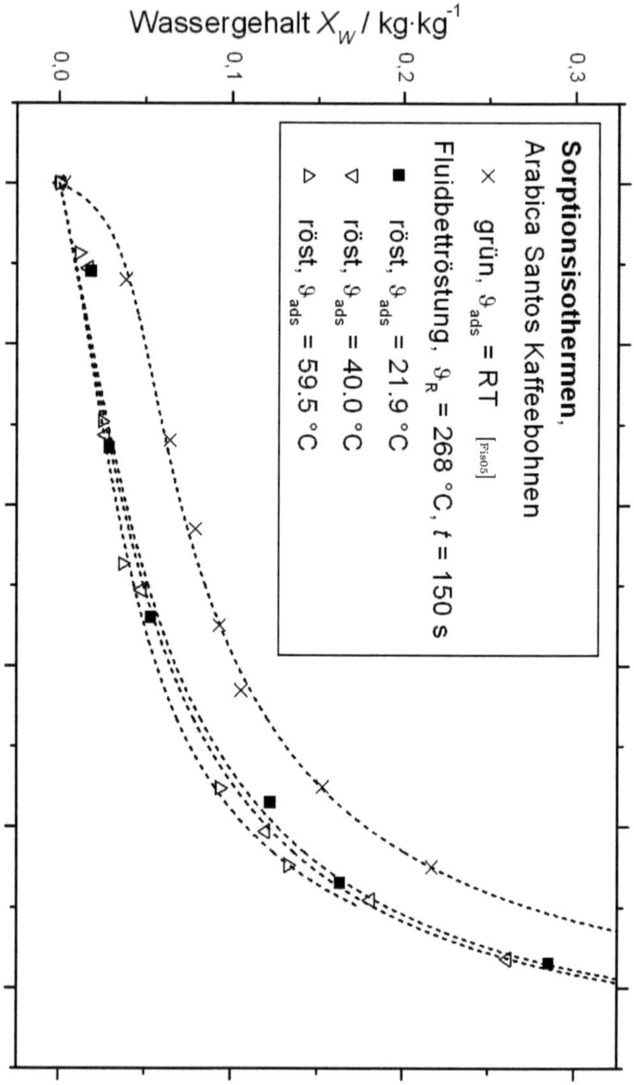

Abbildung 5.1: Adsorptionsisothermen von Kaffeebohnen: Messdaten und GAB-Isothermen.

Tabelle 5.1: Parameter der GAB-Sorptionsisothermen von Arabica Santos Roh- und Röstkaffee.

Röstung	Röstzeit $\frac{t_R}{\text{s}}$	Röstverlust $\frac{orgRV}{\%}$	Temperatur $\frac{\vartheta}{°\text{C}}$	GAB-Parameter $\frac{w_m}{\frac{\text{g}}{100\text{ g}}\text{ d.b.}}$	c	k
grün	0	0	RT	4,824	24,391	0,917
JR.1	40	1,34	RT	3,481	15,674	0,991
JR.1	80	2,80	RT	3,546	9,484	0,984
JR.1	110	4,54	RT	3,705	4,293	0,971
JR.1	130	4,74	RT	3,795	3,095	0,958
JR.1	150	5,97	RT	3,824	3,993	0,957
JR.1	200	9,10	RT	3,411	4,198	0,976
NP.1	150		21,9	4,273	2,676	0,885
NP.1	150		40,0	4,223	2,587	0,881
NP.1	150		59,5	3,093	3,711	0,925

[Pit07] eine Monolayer-Bedeckung von $w_m = 4,34 \frac{\text{g}}{100\text{ g}}$ d.b. und $3,56 \frac{\text{g}}{100\text{ g}}$ d.b. für grünen beziehungsweise gerösteten Kaffee an. Die ebenda berichtete Fähigkeit des Röstkaffees, bei relativen Feuchten über 82,5% mehr Wasser aufzunehmen als grüne Kaffeebohnen wurde hier indes nicht gefunden. Die Isothermen des Röstkaffees liegen sämtlich unterhalb derer des grünen Kaffees. Die Temperaturabhängigkeit der Röstkaffee-Isothermen ist wenig ausgeprägt, weist jedoch die erwartete Tendenz auf. Der Gleichgewichtswassergehalt sinkt mit steigender Temperatur, da die Bindungskräfte zwischen den stärker angeregten Molekülen sinken.

Die obigen Sorptionsisothermen aus Individual-Bestimmungen zeigen eine hohe Anpassgüte der GAB-Parameter. Aufgrund ihrer hohen Sensitivität kann eine eindeutige Abhängigkeit der GAB-Parameter vom Röstgrad bzw. von der Temperatur jedoch nur formuliert werden, wenn jeweils ein Mehrparametermodell zur simultanen Anpassung der Sorptionsisothermen angewandt und dabei eine prinzipielle Abhängigkeit der GAB-Parameter vorgegeben wird. Die Berechnung erfolgte hier für den Einfluss der Röstung von Arabica Santos Kaffeebohnen unter der Vorgabe exponentieller Änderung der GAB-Parameter, so dass

$$\frac{X_\text{W}}{\frac{\text{g}}{100\text{ g}}\text{ d.b.}} = \frac{\frac{w_m}{\frac{\text{g}}{100\text{ g}}\text{ d.b.}} \cdot c \cdot k \cdot a_\text{W}}{(1 - k \cdot a_\text{W}) \cdot (1 - k \cdot a_\text{W} + c \cdot k \cdot a_\text{W})}, \tag{3.10}$$

$$\text{mit} \quad \frac{w_m}{\frac{\text{g}}{100\text{ g}}\text{ d.b.}} = 3,52 + 1,28 \cdot \exp\left(-\frac{\frac{orgRV}{\%}}{0,756}\right),$$

$$
\begin{aligned}
c &= 3,16 + 20,84 \cdot \exp\left(-\frac{\frac{orgRV}{\%}}{1,953}\right), \\
k &= 0,976 + 0,057 \cdot \exp\left(-\frac{\frac{orgRV}{\%}}{0,023}\right).
\end{aligned}
\tag{5.1}
$$

Unabhängig vom Röstzustand erfolgt eine temperaturabhängige Darstellung der Sorptionsisothermen über die Arrhenius-Gleichung für jeden der GAB-Parameter, die der simultanen Anpassung der bei 21,9 °C, 40,0 °C und 59,5 °C gemessenen Sorptionsisothermen von Arabica Santos Röstkaffeebohnen jeweils zugrunde gelegt ist. Darin ist

$$
\begin{aligned}
\frac{w_m}{\frac{\mathrm{g}}{100\,\mathrm{g}}\ \mathrm{d.b.}} &= 0,762 \cdot \exp\left(\frac{4024,3}{R \cdot \frac{T}{\mathrm{K}}}\right), \\
c &= 44,5 \cdot \exp\left(-\frac{6674,8}{R \cdot \frac{T}{\mathrm{K}}}\right), \\
k &= 1,01 \cdot \exp\left(-\frac{296,2}{R \cdot \frac{T}{\mathrm{K}}}\right).
\end{aligned}
\tag{5.2}
$$

Aufgrund der physikalischen Bedeutung der GAB-Parameter können weitere Größen, wie die Oberfläche des adsorbierenden Feststoffs und die Sorptionswärme, die notwendig ist, um Wasser von der Oberfläche zu entfernen, berechnet werden. Mit der Molmasse $M_{\mathrm{H_2O}} = 18\ \frac{\mathrm{kg}}{\mathrm{kmol}}$ und der Oberfläche $A_{\mathrm{H_2O}} = 10,6 \cdot 10^{-20}\ \mathrm{m}^2$ eines Wassermoleküls findet man die vom Monolayer bedeckte Oberfläche des Sorbents

$$
A = w_m \cdot \frac{1}{M_{\mathrm{H_2O}}} \cdot N_A \cdot A_{\mathrm{H_2O}}\ , \tag{5.3}
$$

die für grünen Kaffee 170,3 $\frac{\mathrm{m}^2}{\mathrm{g}}$ d.b. beträgt und während der Röstung auf durchschnittlich 124,4 $\frac{\mathrm{m}^2}{\mathrm{g}}$ d.b. sinkt.

Die Sorptionsenthalpie ergibt sich aus der Summe der reinen Verdampfungsenthalpie des Wassers und der in Abb. 5.2 dargestellten Bindungswärme, auf die bei konstantem Wassergehalt aus der Temperaturabhängigkeit der Wasseraktivität durch die

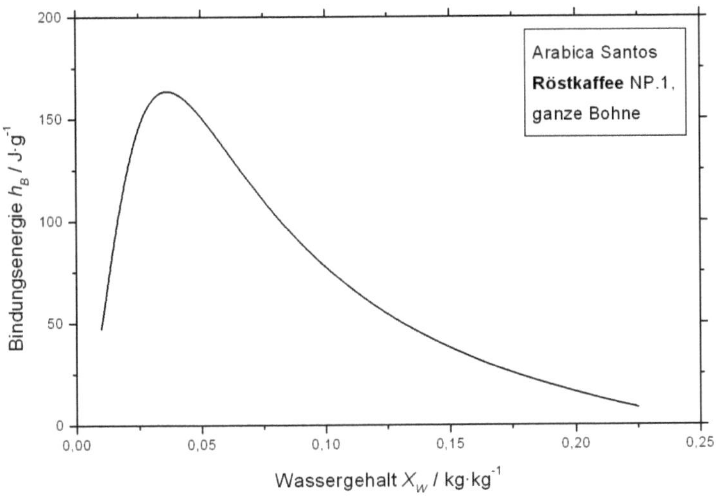

Abbildung 5.2: Bindungsenergie des Wassers in Röstkaffeebohnen nach der Fluidbettröstung.

Clausius-Clapeyron-Gleichung geschlossen werden kann. Anzunehmen ist die Unabhängigkeit sowohl der Verdampfungsenthalpie des reinen Wassers, als auch der Bindungswärme. Labuza [Lab85] stellte deren Temperaturabhängigkeit in der integrierten Form dar als

$$\ln(a_\mathrm{W}) = -\frac{h_B}{R} \cdot \frac{1}{T} + \mathrm{const.}\,. \tag{5.4}$$

Die Bindungswärme zeigt in der Auftragung über dem Wassergehalt ein Maximum bei der mittleren monomolekularen Bedeckung mit 3,7 $\frac{\mathrm{g}}{100\ \mathrm{g}}$ d.b. und sinkt mit zunehmend in den oberen Schichten bzw. flüssigkeitsähnlich gebundenem Wasser. Bei hohen Produktfeuchten ist zur Entfernung des Wassers entsprechend die reine Verdampfungsenthalpie des Wassers aufzuwenden. Die Bindungswärme der ersten Schicht beträgt 164,3 $\frac{\mathrm{J}}{\mathrm{g}}$. Sie liegt damit bei vergleichbarer monomolekularer Bedeckung deutlich unter den entsprechenden Werten für Mahlkaffee, 113,3 $\frac{\mathrm{cal}}{\mathrm{g}}$ (474,4 $\frac{\mathrm{J}}{\mathrm{g}}$) bei 20 °C [Hay78], und Haselnuss-Bruch, 1083 $\frac{\mathrm{J}}{\mathrm{g}}$ [Mar96].

5.2 Masse und Morphologie der Kaffeebohnen

Masseänderung

Abbildung 5.3 zeigt den typischen zeitlichen Masseverlauf und den Masseaustrag von Arabica Kaffeebohnen der Provenienz Santos während der Röstung ohne erzwungene

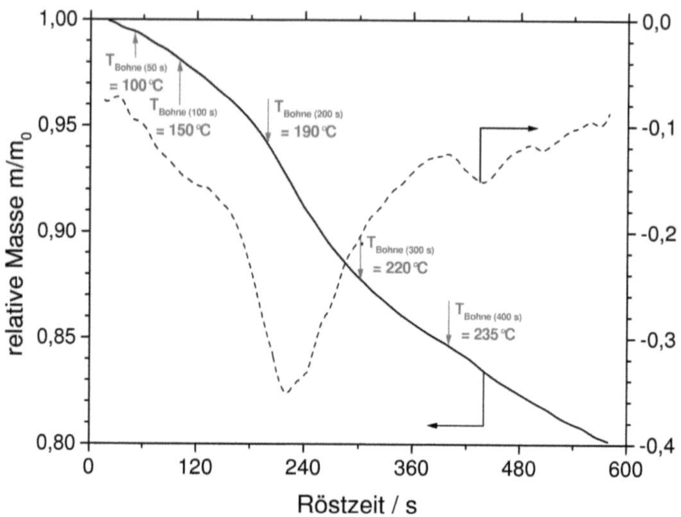

Abbildung 5.3: Gemittelter Masseverluststrom von Kaffeebohnen während der Röstung in ruhendem Röstgas.

Anströmung der Kaffeebohnen. Dabei handelt es sich um gemittelte Verläufe von 12 Kaffeebohnen mit annähernd der gleichen Ausgangsmasse. Die Bohnen nehmen mit zunehmender Röstdauer deutlich an Masse ab. Anfänglich ist die Massenänderung pro Zeit noch gering, da die Bohne erst bei Erreichen höherer Temperaturen Masse verliert, welche insbesondere im Zentrum erst nach einiger Zeit erreicht wird. Die Masseänderung verstärkt sich dann und erreicht nach etwa 4 Minuten ein Maximum. So ergibt sich ein S-förmiger Verlauf, der bei Columbia-Kaffeebohnen jedoch weniger ausgeprägt ist, da die Masseabnahme in den ersten fünf Minuten des Röstvorgangs gegenüber Kenia- und den hier dargestellten Santos-Bohnen gleichmäßig linear verläuft [Egg02]. Im weiteren Verlauf der Strahlungsröstung nimmt die Masseänderung wieder ab, so dass sich die Massenkurven an verschiedene Endwerte annähern. Der Masseverlust nach einer Röstdauer von zehn Minuten beträgt bei Santos-Kaffeebohnen etwa 16-17 %, bei Columbia 19-20 % und bei Kenia über 20 %.

Zu Beginn der Röstung wird vor allem Wasser in Form von Wasserdampf abgegeben, wodurch der Wassergehalt von Kaffee während der Röstung sehr stark reduziert wird. Bei weiterer Erwärmung auf höhere Temperaturen kommt es zunehmend zu pyrolytischen Reaktionen von Eiweißen und Kohlenhydraten unter Bildung und Abgabe von CO_2. Bei Vermessung einzelner Kaffeebohnen ist mitunter ein deutlicher Sprung in der Massenkurve zu erkennen, der mit dem Aufblähen und Aufplatzen der Kaffeebohne einhergeht. Er entsteht aufgrund der verstärkten Bildung von Wasserdampf und CO_2, welche nach plötzlichem Aufplatzen der Kaffeebohne in einer sehr kurzen Zeitspanne entweichen.

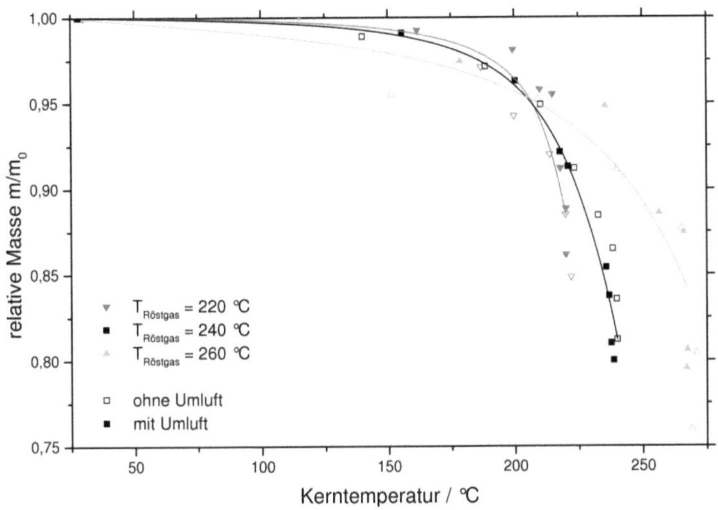

Abbildung 5.4: Gemittelte Masseänderung als Funktion der Kerntemperatur von Kaffeebohnen während der Röstung mit und ohne erzwungene Anströmung.

Der Masseverlauf bei der Konvektionsröstung kann wegen der hohen Heißgasgeschwindigkeit in der Röstapparatur nur offline erfasst werden. Aus dem Verhältnis der Masse nach verschiedenen Röstzeiten und der Masse der grünen Kaffeebohnen ergibt sich der normierte Masseverlauf. Bei der Konvektionsröstung gibt es nur eine kurze Phase der langsamen Massenänderung. Schon ab einer halben bis zur vierten Minute nimmt die Masse mit annähernd konstanter Geschwindigkeit ab und nähert sich danach immer langsamer einem Endwert. Bereits nach 5 bis 6 Minuten ist das Niveau erreicht, welches durch Strahlungsröstung erst nach 10 Minuten erreicht wird. Auch bei der Konvektionsröstung ist die Massenabnahme der Columbia-Kaffeebohnen derjenigen der Kenia- und Santos-Bohnen zunächst voraus. Später nimmt die relative Masse aller Provenienzen mit gleicher Geschwindigkeit ab und nähert sich schließlich einem gemeinsamen Endwert bei etwa 78 %. Der Masseverlust ist damit gleich groß wie bei der Strahlungsröstung, erfolgt jedoch etwa in der halben Zeit.

Da sich mit der Art der Wärmeübertragung auch der Temperaturverlauf ändert, verschwindet der Einfluss des Röstverfahrens auf den Masseverlauf bei Darstellung der Masse über der Kerntemperatur der Kaffeebohnen in Abbildung 5.4. Die somit für verschiedene Röstverfahren universelle Darstellung der Masse in Abhängigkeit der Kerntemperatur und der Temperatur des Röstgases als einzigem Parameter kann man sich bei der Berechnung der Kafferöstung in Kapitel 6.2 zunutze machen und formal darstellen als

$$\frac{m}{m_0} = 1 - A \cdot \left(\frac{\vartheta}{°\mathrm{C}} - 25\right) \cdot \exp\left(B \cdot \left(\frac{\vartheta}{°\mathrm{C}} - 25\right)\right), \tag{5.5}$$

$$\text{mit} \quad A = 6,2148 \cdot 10^{-6} \cdot \exp\left(\frac{\frac{\vartheta_R}{°\mathrm{C}} - 220}{7,8573}\right)$$

$$B = 1,112 \cdot 10^{-2} \cdot \exp\left(-\frac{\frac{\vartheta_R}{°\mathrm{C}} - 220}{38,41133}\right).$$

Volumenänderung

Bei allen Kaffeebohnen kommt es während der Röstung zu einer räumlichen Ausdehnung mit oder ohne Aufplatzen der Bohne. Die Abmessungen der Bohnen wurden für alle Röstarten nach Röstabbruch bestimmt. Um den Einfluss des Abkühlens bzw. des Röstabbruchs festzustellen, wurden die Abmessungen darüberhinaus mittels Videokamera und Bildverarbeitung auch online bestimmt, um die Ausdehnung in „Echtzeit" verfolgen zu können.

Bezieht man die Mittelwerte der Dimensionen Länge, Breite und Höhe der Kaffeebohnen nach verschiedenen Röstzeiten auf die entsprechenden Mittelwerte der Ausgangsverteilungen, so wird deutlich, dass die relative Zunahme der Höhe bei allen Provenienzen am größten ist. Sie beträgt nach 200 Sekunden Wirbelschichtröstung etwa 25 % (Kenia, Santos), bzw. 30 % (Columbia). Die Breite ändert sich um 20 %, die Länge der Kaffeebohnen um 16 % (Columbia) bis 20 % (Kenia). Verglichen mit der Wirbelschichtröstung werden bei der Konvektionsröstung im Laborröster in der gleichen Zeit geringere Ausdehnungen erreicht, nach einer Röstzeit von 10 Minuten haben sie in der Bohnenhöhe und -Breite bis zu 10 % zugenommen. Deutlich wird auch aus der Untersuchung des Bohnenvolumens das unterschiedliche Verhalten der Kaffeebohnen in der Anfangsphase der Röstung. Während sich die Kaffeebohnen der Provenienz Columbia in der ersten Minute der Röstung am stärksten, und im weiteren Verlauf immer langsamer ausdehnen, behalten die Kenia-Bohnen zunächst in etwa ihre Form und beginnen mit der Phase des stärksten Wachstums erst nach 30 Sekunden. Durch das annähernd exponentielle Wachstum in der folgenden Phase erreichen die Kenia-Bohnen jedoch schneller als Columbia ihre endgültige Ausdehnung.

Zur Ermittlung einer aufgrund elastischer Verformung, thermischer Kontraktion und des abnehmenden Innendrucks möglichen Schrumpfung beim Röstabbruch wurden die Änderungen der Ausdehnung von Kaffeebohnen in „Echtzeit" bestimmt. Eine entsprechende Bildsequenz zeigt Abbildung 5.5.

Die unterschiedlichen Verläufe der mittleren Längenänderungen zu Beginn der Röstung werden durch die Videoaufnahmen bestätigt. Es konnte festgestellt werden,

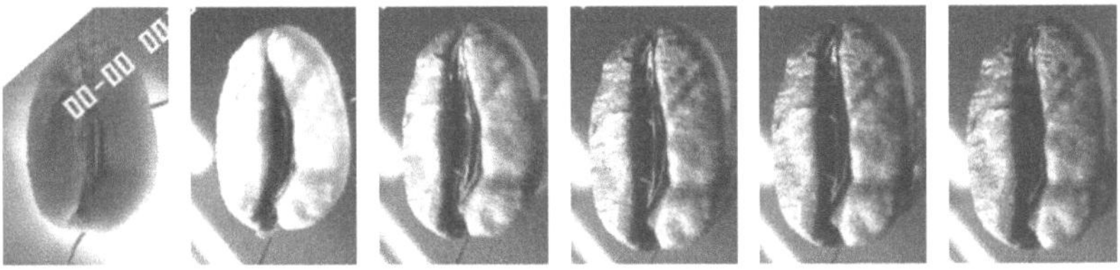

t = 0 s	30 s	60 s	90 s	120 s	180 s
T = RT	120 °C	190 °C	210 °C	220 °C	240 °C

Abbildung 5.5: Veränderung der Abmessungen einer Kaffeebohne Santos Arabica während der Röstung mit erzwungener Konvektion.

dass es bei den Kaffeebohnen mit höherer Sphärizität – Santos und Kenia – bei Röstabbruch entlang der längsten Hauptachsen tendenziell zu einer leichten Kontraktion kommt, hier sind die in Echtzeit gemessenen Längenänderungen rund 5 %-Punkte größer. Die Bohnen der Provenienz Columbia haben hingegen eher die Tendenz, nach Röstabbruch geringfügig weiter zu expandieren. Insgesamt wurde die Längenausdehnung der nach Röstabbruch vermessenen Bohnen gut reproduziert, das heißt es findet während und nach dem Röstabbruch keine wesentliche Volumenänderung der Kaffeebohnen mehr statt.

Die Volumenexpansion während der Röstung ist infolge der dreidimensionalen Ausdehnung der Kaffeebohnen deutlich größer als die Ausdehnung in den einzelnen Raumrichtungen. Die Kaffeebohnen Santos und Kenia verdoppeln annähernd ihr Volumen in zehnminütiger Laborröstung mit erzwungener Konvektion. Die Volumenexpansion bei der Wirbelschichtröstung verläuft ähnlich, hier ist in 200 Sekunden ein Zuwachs von rund 80 % zu verzeichnen. Bei der Röstung ohne erzwungene Konvektion wird eine Volumenexpansion in der gleichen Größenordnung erreicht. Die Phase des größten Wachstums beginnt jedoch erst zeitverzögert, bei den härteren Bohnen aus Kenia etwa nach 3 Minuten.

Dichte und Morphologie

Die Dichte von Kaffeebohnen nimmt infolge der Masseabnahme, der zunehmenden Porosität und der Volumenexpansion während der Röstung stark ab. Abbildung 5.7 zeigt den Dichteverlauf verschiedener Provenienzen während der Röstung bei unterschiedlichen Röstverfahren. Die Dichtereduktion beträgt etwa 50-55 %, von anfänglich $1,1 - 1,25\ \frac{g}{cm^3}$ auf etwa $0,55 - 0,58\ \frac{g}{cm^3}$. Deutlich ist der Unterschied zwischen der Röstung ohne erzwungene Konvektion zu der mit erzwungener Konvektion, in Laborröster bzw. Wirbelschicht. Eine konstante Dichte wird bei erzwungener Konvektion etwa nach 3-4 Minuten, bei der Röstung ohne erzwungene Konvektion frühestens nach

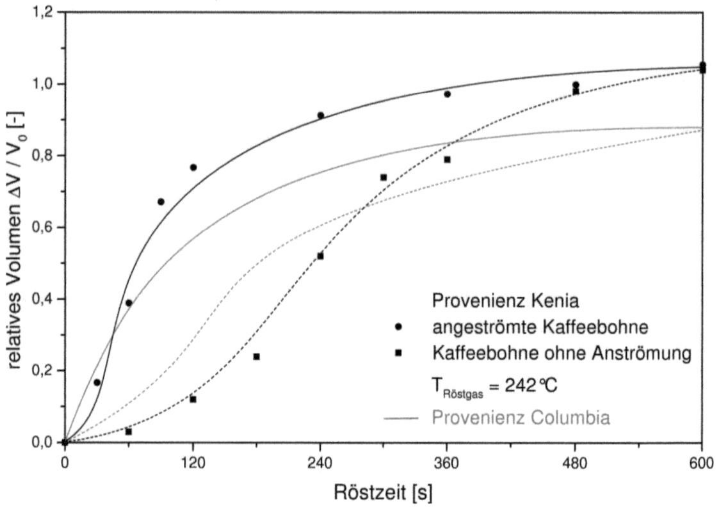

Abbildung 5.6: Gemittelte Volumenausdehnung von Kaffeebohnen während der Röstung.

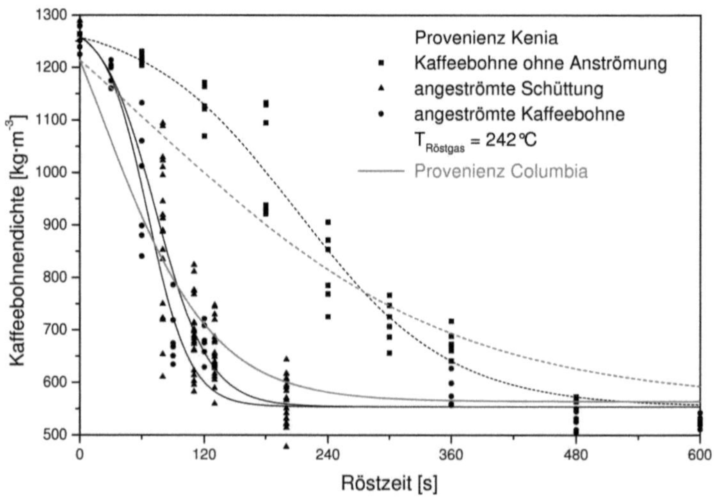

Abbildung 5.7: Gemittelte Dichteänderung von Kaffeebohnen während der Röstung.

7 Minuten erreicht. Weiterhin ist zu erkennen, dass bezüglich der Dichte bei der konvektiven Röstung im Labor- und dem Wirbelschichtröster ähnliche Ergebnisse erzielt

werden. Bei allen Messreihen gibt es eine starke Streuung vor allem im Bereich mit der größten Dichteänderung. Diese hängt mit der unterschiedlichen Größe und den unterschiedlichen thermophysikalischen Stoffwerten der grünen Kaffeebohnen zusammen, die ein unterschiedliches Verhalten, vor allem bezüglich des Temperaturfelds, in der Anfangsphase der Röstung bewirken.

Der direkte Vergleich der Dichteverläufe der Provenienzen Columbia und Kenia zeigt bei beiden Röstarten, mit und ohne erzwungene Konvektion, deutlich das unterschiedliche Verhalten der beiden Provenienzen. Resultierend aus der gleich zu Beginn einsetzenden Volumenerweiterung und dem früh einsetzenden Masseverlust der weicheren Columbia-Kaffeebohnen reduziert sich deren Dichte anfänglich schneller. Im weiteren Verlauf sind Volumenzunahme, Masse- und Dichtereduktion sehr gleichmäßig und langanhaltend. Die gesamte Dichteminderung ist bei Wirbelschicht- wie Umluftröstung erst nach etwa 4 Minuten, bei der Strahlungsröstung auch nach 10 Minuten noch nicht erreicht. Bei den härteren Kenia-Bohnen gibt es anfänglich eine Phase mit langsam abnehmender Dichte. Nach 15 bis 30 Sekunden laufen die Vorgänge Volumenexpansion, Masse- und Dichtereduktion dann aber sehr schnell ab, so dass die Columbia-Bohnen „überholt“ werden. Der Dichteverlauf von Kenia-Kaffee zeigt einen S-förmigen Verlauf, durch den nach zwei bis drei Minuten, bzw. 8 Minuten bei Strahlungsröstung, schon der Endwert erreicht wird.

Ähnlich wie bei der Entwicklung der Masse einer Kaffeebohne, ist auch der Verlauf der Dichte in Abhängigkeit der Kerntemperatur darzustellen, wobei sich eine weitgehende Unabhängigkeit von der Art der Wärmeübertragung und des Röstverahrens zeigt. Die bei der Berechnung der Kaffeeröstung berücksichtigte Entwicklung der Kaffeebohnendichte folgt formal

$$\frac{\rho_\mathrm{B}}{\rho_{\mathrm{B},0}} = 1 - A \cdot \left(\frac{\vartheta}{^\circ\mathrm{C}} - 25\right) \cdot \exp\left(B \cdot \left(\frac{\vartheta}{^\circ\mathrm{C}} - 25\right)\right), \tag{5.6}$$

$$\text{mit} \quad \begin{aligned} A &= 2,57 \cdot 10^{-2} \\ B &= 5,58 \cdot 10^{-3} - 1,225 \cdot 10^{-5} \cdot \frac{\vartheta_\mathrm{R}}{^\circ\mathrm{C}}. \end{aligned}$$

Davon unberührt bleibt die von Schenker [Sch00a] beschriebene Tatsache, dass beim Erreichen gleichen Röstgrads die Röstung bei höheren Temperaturen und in kürzerer Zeit (HTST) zu einer bis zu 12% geringeren Dichte führt als die Tieftemperatur-Langzeit-Röstung (LTLT).

Die Entwicklung der mikroskopischen Poren und den Zusammenhang mit Änderungen der makroskopischen Struktur, des Volumens und des Röstgrads von Kaffeebohnen verdeutlicht die Abbildung 5.8. Da im Rahmen der Berechnung der Kaffeebohnen deren Heterogenität nicht berücksichtigt werden konnte, lag die Untersuchung der

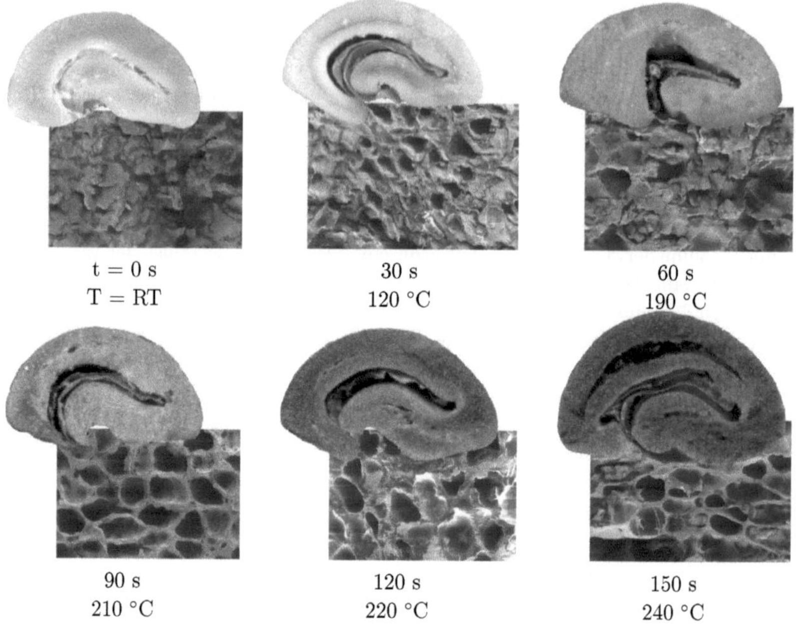

Abbildung 5.8: Veränderung der Morphologie von Kaffeebohnen Santos Arabica während der Röstung mit erzwungener Konvektion.

Tabelle 5.2: Dichte und Porosität von Röstkaffeebohnen nach Luft- und Wasserkühlung.

Röstung	Feuchte $\frac{x_W}{\%}$	Reindichte $\frac{\rho}{\frac{g}{cm^3}}$	Scheindichte $\frac{\rho_B}{\frac{g}{cm^3}}$	Porosität ϵ
NP.1	1,6	1,02	0,55	0,461
NP.2	5,9	1,07	0,58	0,458

Porenradienverteilung außerhalb der Zielsetzung dieser Arbeit. Stattdessen wurden die Ergebnisse von pyknometrischen Messungen der Reindichte der Kaffeebohnenmatrix herangezogen, um eine sich bereits aus Masse- und Dichtemessungen ergebende, mittlere Porosität nachzuvollziehen. Diese beträgt gemäß Messungen von Fischer [Fis05] für die hier eingesetzten grünen Kaffeebohnen zwischen 5% und 18%, und nimmt im Verlauf der Röstung auf bis etwa 50% zu. Die eigene Untersuchung verschiedener Röstkaffeechargen mittels Heliumpyknometrie, AccuPyc 1330, Fa. Micromeritics, ergab die in Tabelle 5.2 angegebenen Werte.

Demnach ist über die Abhängigkeit einer mittleren Porosität von der aktuellen Masse und Dichte der Kaffeebohne hinaus von einer weiteren Veränderung während und infolge des Kühlprozesses im Bereich industriell relevanter Produktfeuchten nicht auszugehen. Die Skelett- und Scheindichte ändern sich durch die Aufnahme von Wasser in gleichem Verhältnis. Weitere Eigenschaften des Röstkaffees, die hingegen von der Art der Kühlung stärker abhängig sind, sollen im folgenden diskutiert werden.

5.3 Stofftransport und Änderung von Materialeigenschaften durch Quenchen

Die Änderung der Masse einer Röstkaffeecharge während unterschiedlicher Quenchprozesse wurde durch Unterflurwägung während der Kühlphase untersucht. Die Röstung NP.1 einer Kaffeebohnencharge von 300 g Ausgangsmaterial, über 150 s bei 268 °C geröstet, ergibt nach einer zweiminütigen Luftkühlung eine Ausbeute von 255 g bzw. einen Röstverlust von 14 - 16 %. Der Wassergehalt des Röstkaffees liegt dann bei 1 - 2 %. Ein Teil des Masseverlustes der Kaffeecharge findet dabei während des Kühlprozesses statt. Bei sehr hellen Röstungen sind bis zu 25 % des Masseverlustes, der hier fast ausschließlich aus der Feuchteabnahme resultiert, auf das Ausgasen während der Kühlung zurückzuführen. Dieser Anteil verringert sich mit zunehmender Röstdauer und Röstgrad auf 1 - 3 %, so dass während der Kühlung auch absolut nur noch eine geringe Masseänderung auftritt. Da die Restfeuchte in der Kaffeebohne nach zweiminütiger Röstung nahezu konstant bleibt, besteht der Masseverlust während der Kühlung mittlerer und höherer Röstgrade fast ausschließlich aus organischem Röstverlust, entsprechend dem Umsatz der in die Kühlphase hineinreichenden Röstreaktionen.

Aus der folgenden Abbildung 5.9 geht auch der Einfluss der Prozessführungsarten HTST (NP.1) und LTLT (NP.7) hervor. Beim Erreichen eines mittleren Röstgrads mit einem Gesamtmasseverlust von 16 % sind die Vorgänge des Trocknens und Ausgasens im Falle LTLT bereits während der Röstung abgeschlossen, in der nachfolgen-

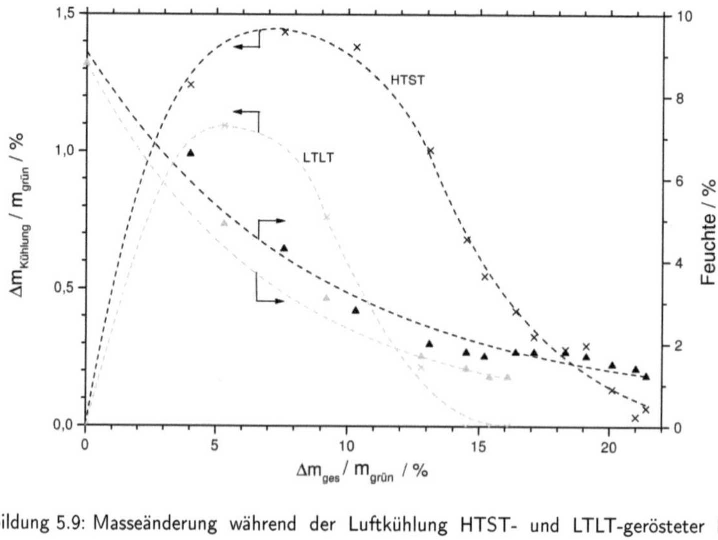

Abbildung 5.9: Masseänderung während der Luftkühlung HTST- und LTLT-gerösteter Kaffeechargen.

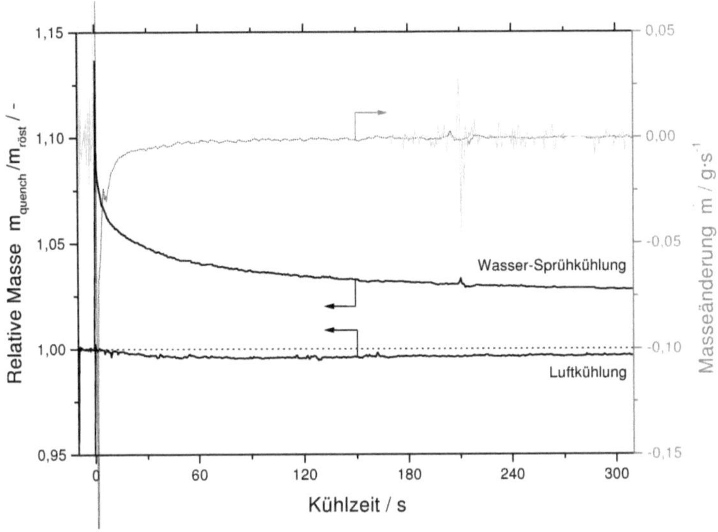

Abbildung 5.10: Masseänderung während der Luft- und Wasserkühlung einzelner Röstkaffeebohnen.

den Kühlung ist keine Masseänderung festzustellen. Aufgrund der gegenüber HTST niedrigeren Temperaturen besteht bei LTLT ein größerer Anteil des Einbrands aus Feuchte, der Reaktionsumsatz der Röstreaktionen ist geringer.

Das Entgasen der Röstkaffeebohnen überdauert den Kühlprozess weit und wirkt sich besonders auf die Mahlung der Kaffeebohnen aus, wenn große Mengen Kohlendioxids freigesetzt werden. Doch auch die Ruhezeit ganzer Röstkaffeebohnen, das Tempering, trägt zu deren Entgasung bei. Qualitativ konnte dieser Vorgang bei der Ermittlung des Benetzungsverhaltens von Wasser auf frisch gerösteten Kaffeebohnen gezeigt werden, während derer sich Gasblasen in dem aufgegebenen Wassertropfen bilden.

Im folgenden soll aufgezeigt werden, wie durch die Prozessführung der Kühlung auf die entgegengesetzten Stofftransportvorgänge Befeuchtung und Entgasen in frisch gerösteten Kaffeebohnen während der Kühlung Einfluss genommen werden kann.

5.3.1 Masseänderung durch Wasseraufnahme

In der Abbildung 5.10 ist der Masseverlauf während der Luft- und Wasserkühlung von Röstkaffeebohnen gegenübergestellt. Nach dem annähernd schlagartigen Versprühen von etwa 15 % w/w Wasser, bezogen auf die Masse der gerösteten Bohnen, folgt der kurzzeitigen Gewichtszunahme um etwa 15 Gew.-% eine anfangs sehr schnelle Masseabnahme durch Verdampfung des Wassers an der Oberfläche der heißen Kaffeebohnen. Die Masseverlaufskurve nähert sich einem Endwert bei 2,5 %, so dass etwa

Tabelle 5.3: Verteilung des Wassers bei der Sprühkühlung.

Wassermenge $m_W/m_{röst}$ $\frac{g}{kg}$	Wassertemperatur ϑ_W °C	Ausbeute $m_{röst}/m_{grün}$ %	Kaffeefeuchte x_W %
0*	20	85,3	1,0
77	20	86,7	2,3
128	20	88,6	4,6
128	67	88,4	4,4
128	93	88,4	4,2

* Luftkühlung

der sechste Teil des aufgegebenen Wassers in die Bohnenmatrix diffundiert und die Auffeuchtung auf 4 - 5 % verursacht.

Die Auswahl repräsentativer experimenteller Daten in Tabelle 5.3 zeigt, dass die Endfeuchte von Röstkaffee durch die Menge des aufgegebenen Wassers eingestellt werden kann. Die Hypothese, die Gesamtfeuchte des Röstkaffees auch über die Temperatur des Wassers steuern zu können, hat sich hingegen nur teilweise bestätigt. Mit zunehmender Temperatur des Quenchmediums steigt der Anteil des verdampfenden Wassers, und der Anteil zur Wiederbefeuchtung der Kaffeebohne wird geringer. Die sich ergebende Feuchte von Röstkaffee ist bei hohen Wassertemperaturen deshalb nur in geringerem Maße abhängig von der aufgegebenen Wassermenge und kann somit genauer eingestellt werden. Es sind zum Erzielen der gleichen Produktfeuchte jedoch bis zu etwa 3 % mehr Wasser zu verwenden. Bei niedrigen Temperaturen verbleibt ein großer Anteil des aufgegebenen Wassers anhaftend an der Oberfläche und dringt später in das Bohneninnere ein. Die Endfeuchte des Röstkaffees hängt somit stärker von der Gesamtmenge ab, und besonders von dem Anteil des aufgegebenen Wassers, der nicht spontan verdampft.

Kinetik der Befeuchtung

Anders als die Gesamtfeuchte kann die Kinetik der Befeuchtung und damit die Einstellung einer Feuchte-Gleichverteilung über die Temperatur beeinflusst werden. In den parallel zu dieser Arbeit durchgeführten Untersuchungen des Instituts für physikalische und theoretische Chemie der Technischen Universität Braunschweig konnte mit bildgebenden Verfahren gezeigt werden, dass sich die Verteilung des Wassers in einer Röstkaffeebohne nach der Kühlung umso schneller vergleichmäßigt, je höher die Temperatur des Wassers bei der Quenchkühlung war [Fis05].

Der numerische Nachweis dieses Effekts konnte indes nicht erbracht werden, da quantitativ nur mittlere Beladungen ermittelt werden können. Deshalb und aufgrund der

Parallelität der verschiedenen Stofftransportvorgänge, vor allem einschließlich des (mehrfachen) Phasenwechsels bei der Wasserkühlung, sind Näherungslösungen zur Beschreibung des Stofftransports ungeeignet. Eine Größenordnung für die Stofftransportkoeffizienten konnte nur für die Befeuchtung luftgekühlter Röstkaffeebohnen bei Beaufschlagung mit Sattdampf berechnet werden, indem das shrinking-core-Modell angewendet wurde, vgl. Kap. 6.2. Dabei wurde für die Beladung innerhalb der nach innen wandernden Sättigungsfront $X_0 = 1,5\ \frac{\mathrm{g}}{100\ \mathrm{g}}$ d.b. und für den Außenraum die bei Beaufschlagung mit Sattdampf experimentell gefundene Gleichgewichtsbeladung $X_{\mathrm{eq.}} = 44\ \frac{\mathrm{g}}{100\ \mathrm{g}}$ d.b. angesetzt. Unter Annahme des Auftretens allein dieser zwei Zustände können aus den Messwerten einer mittleren Beladung der örtliche Fortschritt der Befeuchtung, der scheinbare und innere Stoffübergangskoeffizient, sowie der effektive Diffusionskoeffizient berechnet werden.

$$
\begin{aligned}
\beta &= \frac{\dot{M}_{\mathrm{D}}}{A \cdot (X_{\mathrm{eq.}} - X_0) \cdot \rho} \\
&= 0,026\ \frac{\mathrm{m}}{\mathrm{s}} \\
\beta_i &= \left(\frac{1}{\beta} - \frac{1}{\beta_a}\right)^{-1} \\
&= 0,16\ \frac{\mathrm{m}}{\mathrm{s}} \\
D_{\mathrm{eff.}} &= \beta_i \cdot R \cdot \left(\frac{R}{r} - 1\right) \\
&= 1,46 \cdot 10^{-5}\ \frac{\mathrm{m}^2}{\mathrm{s}}
\end{aligned}
$$

5.3.2 Masseänderung durch TS-Verlust

Die Gesamtmasse, Feuchte- und Trockensubstanzanteil des Röstkaffees ändern sich mit dem Röstgrad und der Art des Quenchens. Es liegt nahe, den insgesamt geringeren Masseverlust nach der Wasserkühlung auf die Wiederbefeuchtung des Röstkaffees zurückzuführen, jedoch zeigt der wassergekühlte Kaffee auch bei der Trockensubstanz geringere Verluste, die auf das unterschiedliche Kühlverhalten zurückzuführen sind. Der schnellere Abbruch von Röstreaktionen durch Wasserkühlung erklärt einen geringeren Trockensubstanzverlust. Erst bei sehr hohen Röstgraden, bei denen dieser Masseverlust fast vollständig während des Röstprozesses stattfindet, hat das Kühlverfahren keinen Einfluss mehr auf den Feststoffumsatz. Die Masse des aufgenommenen Wassers bleibt nahezu konstant, auch wenn der diffusiven Wiederbefeuchtung in diesem Fall kein Stofftransport gasförmiger Reaktionsprodukte mehr entgegengerichtet ist.

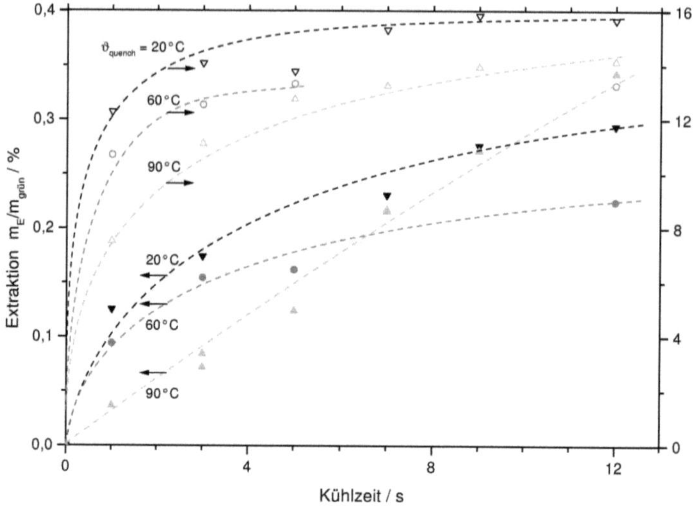

Abbildung 5.11: Einfluss der Kühlzeit und der Wassertemperatur auf die Röstkaffeefeuchte und die Überführung löslicher Bestandteile bei der Kühlung einer Kaffeecharge NP.6 durch Immersionskühlung (500 $\frac{g}{100\,g}$ d.b. Wasser).

Doch auch während der Wasserkühlung werden mit dem verdampfenden Anteil des Kühlwassers (je nach Ausgangstemperatur 60 % - 80 %) noch Bestandteile aus der Röstkaffeecharge entfernt, die in die Wasserphase extrahiert werden. Der Anteil der im Kühlwasser gelösten Stoffe nach der Tauchkühlung von Röstkaffeechargen wurde über die Proportionalität der elektrischen Leitfähigkeit bestimmt [Ste03]. Die insgesamt übergehende Masse löslicher Bestandteile ist mit bis zu 0,3 %, bezogen auf grünen Kaffee, zwar sehr gering, kann aber für die Qualität des Röstkaffees und die Feststoff-Ablagerungen in Röstanlagen von Bedeutung sein. Aus Abbildung 5.11 wird deutlich, dass kälteres Wasser nicht nur zu einer höheren Gesamtfeuchte der Kaffeebohnen führt, sondern auch mehr Bestandteile aus der heiß eingetauchten Kaffeebohne aufnimmt. Erst bei großen Kontaktzeiten, die bei der industriellen Quenchkühlung nicht auftreten, wird die Extraktion durch die Wassertemperatur nahe dem Siedepunkt begünstigt. Bei kurzen Kontaktzeiten, die zu einer Befeuchtung im industriell relevanten Bereich führen, werden durch Heißwasser aufgrund des überwiegend dampfförmigen Kontakts weniger lösliche Anteile überführt, wohingegen die Befeuchtung derjenigen bei Kaltwasserkühlung nahezu entspricht.

5.3.3 Einfluss auf die Benetzbarkeit von Röstkaffeebohnen

Zwecks Beurteilung der Benetzbarkeit von Röstkaffeebohnen wurden die Kontaktwinkel von Wasser auf Kaffeebohnen ermittelt, die bei unterschiedlichen Temperaturen geröstet und mit oder ohne Hinzugabe von Wasser abgekühlt wurden. Der Kontaktwinkel wurde bei einer Umgebungstemperatur von 30 °C auf den erkalteten Kaffeebohnen, unmittelbar nach der Röstung und nach definierten Ruhezeiten durchgeführt. Grundsätzlich verringert sich das Tropfenvolumen und damit der Kontaktwinkel während der Messungen, zum einen aufgrund der Verdunstung von Wasser, zum anderen da ein Teil des Wassers in die Kaffeebohne eindringt. Bei höheren Umgebungstemperaturen führt die Verdunstung des Wassers zu einer schnelleren Verkleinerung des Tropfens. Im folgenden ist mit Kontaktwinkel stets der Winkel gemeint, der sich unmittelbar nach Aufgabe des Wassertropfens auf der Oberfläche der Kaffeebohne einstellt.

Grundsätzlich lässt sich festhalten, dass luftgekühlte Kaffeebohnen schlecht benetzt werden, der Kontaktwinkel ist zunächst regelmäßig zwischen 90° und 100°. Bezüglich unterschiedlicher Röstgrade ist festzustellen, dass die Benetzbarkeit mit dem Röstgrad steigt, bei sehr dunklen Röstungen schließlich beträgt der Kontaktwinkel etwa 60°. Der niedrige Kontaktwinkel bei hohen Röstgraden (Röstgastemperatur 300 °C) lässt das Austreten grenzflächenaktiver Bestandteile vermuten und ist auch mit der veränderten Oberflächenbeschaffenheit zu erklären. Bei dieser Röstgastemperatur sorgt das Austreten von Fetten für eine sehr glatte Oberfläche, die einen niedrigeren Kontaktwinkel als eine rauhe Oberfläche bedingt. Darüberhinaus ändert sich der Kontaktwinkel stark, wenn die Oberfläche oder das Wasser verunreinigt sind. Während der Kontakwinkelmessung kann von der Einlösung von Stoffen aus der Kaffeebohne in das Wasser ausgegangen werden. Bei HTST-Röstungen ist diese Tendenz deutlicher ausgeprägt und in Form von Schlierenbildung bei der Aufgabe des Tropfens zu erkennen, so dass neben der benetzten Oberfläche auch die Eigenschaften der benetzenden Flüssigkeit verändert werden. Neben der Schlierenbildung und der Einlösung bilden sich auch Gasblasen in der benetzenden Flüssigkeit. Erst nach einer längeren Ruhezeit war keine Blasenbildung bei der Kontaktwinkelbestimmung mehr erkennbar. Das Ausgasen bewirkt eine Veränderung des Tropfenvolumens und verstärkt eine Lösung jener Stoffe im Wassertropfen. Beide Phänomene beeinflussen den Kontaktwinkel.

Nach Abkühlung des Röstkaffees mit Luft ist der unmittelbar nach der Kühlung bei Raumtemperatur gemessene Kontaktwinkel am höchsten. Die nach etwa einer halben Stunde und nachfolgend gemessenen Kontaktwinkel liegen etwa 10° darunter. Der grundsätzlich höhere Kontaktwinkel nach der Luftkühlung kann durch die Feuchtigkeit der Bohne erklärt werden. Die luftgekühlten Kaffeebohnen weisen gegenüber wassergekühlten Bohnen einen deutlich niedrigeren Wassergehalt auf. Mit steigender Feuchte der Bohne ergibt sich eine bessere Benetzung der Kaffeebohnenoberfläche. Dieser Zusammenhang ist in Abb. 5.12 zu erkennen. Die Kontaktwinkel auf wassergekühlten Kaffeebohnen sind gegenüber dem luftgekühlten Kaffee um bis zu 30° niedriger.

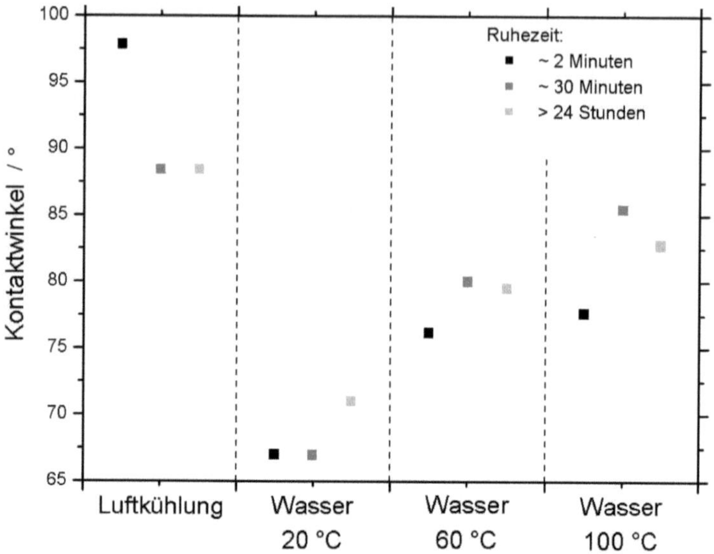

Abbildung 5.12: Änderung des Kontaktwinkels mit der Ruhezeit auf Röstkaffeebohnen nach Quenchkühlung bei unterschiedlichen Temperaturen.

Hohe Wassertemperaturen bei der Quench-Kühlung führen schnell zu einer gleichmäßigeren Wasserverteilung innerhalb der Bohne, so dass in der Folgezeit keine Ausgleichsvorgänge mehr stattfinden, die sich auf die Zusammensetzung der Oberfläche und den Kontaktwinkel auswirken. Die trockenere Oberfläche warmwassergekühlter Röstkaffeebohnen ist folglich schlechter benetzbar als diejenige kaltwassergekühlter Kaffeebohnen vor der Äquilibrierung. Bei Messungen des Kontaktwinkels bei Umgebungstemperaturen bis 80 °C hat sich gezeigt, dass auch hohe Umgebungstemperaturen nach allen Röstungen zu einer besseren Benetzung führen. Für den Quenchprozess selbst, bei dessen Bedingungen das Benetzungsverhalten nicht direkt messbar ist, kann somit geschlossen werden, dass sowohl hohe Umgebungs- als auch hohe Wassertemperaturen die Verteilung des Wassers sowohl auf der Kaffeecharge als auch im Inneren der Kaffeebohnen begünstigen.

5.3.4 Einfluss auf die Bruchfestigkeit und Mahlbarkeit

Zur Ermittlung der inneren Festigkeit von Röstkaffeebohnen wurde neben dem Bruchverhalten gemäß Abschnitt 3.4.5 zunächst die Druckfestigkeit mittels einaxialem Druckversuch und Penetrometrie untersucht. In beiden Verfahren wird eine Kaffeebohne in ihrer Hochachse (d.h. senkrecht zur flachen Seite) bis zum erstmaligen (Penetrometrie) bzw. mehrfachen (Druckversuch) Bruch belastet. Die Seitenausdehnung der Kaffeebohnen ist dabei unbehindert.

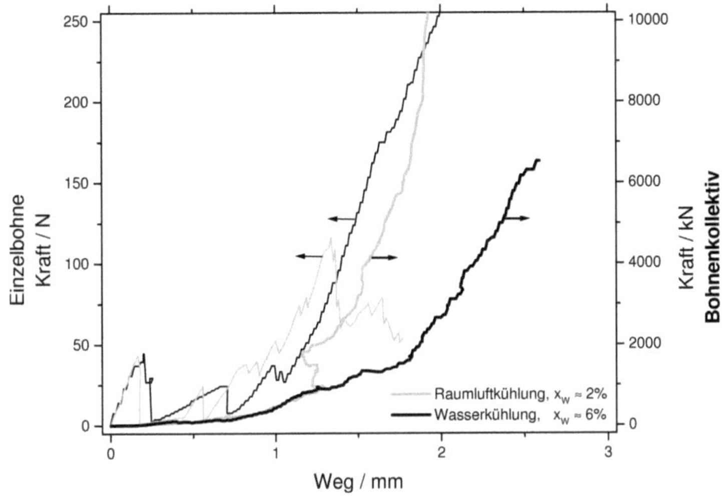

Abbildung 5.13: Einaxialer Druckversuch.

Einaxialer Druckversuch

Für den Einaxialen Druckversuch wird eine Kaffeebohne bzw. ein Kaffeebohnenkollektiv zentrisch zwischen parallele Bruchflächen einer Prüfmaschine verbracht und die Axialkraft bei konstanter Vorschubgeschwindigkeit eines Stempels gemessen. Ergebnisse der Kraft-Weg-Aufnahme sind die Stauchung, die Bruchstauchung bei Erreichen der einaxialen Druckfestigkeit und das Modul des einaxialen Druckversuchs als maximale Tangentenneigung der Druck-Stauchungslinie.

Bezüglich der Materialprüfung von Röstkaffeebohnen ist festzustellen, dass die Kaffeebohnen bei geringer Stauchung mehrfach brechen, erstmalig bei $\frac{\Delta H}{H} \approx 6$ %. Qualitativ zeigt sich die prinzipiell unterschiedliche Materialbeschaffenheit luftgekühlter (mit $x_{\mathrm{W}} \approx 2$ %) und wassergekühlter ($x_{\mathrm{W}} \approx 6$ %) Kaffeebohnen darin, dass der trockenere Kaffee auf die Verformung durch mehrfachen Bruch reagiert, während der feuchte Kaffee elastisches Verhalten zeigt und somit in der Lage ist, bei zunehmender Verformung höhere Kräfte zu übertragen, ohne zu brechen. Pittia et al. [Pit07] zeigten im einaxialen Druckversuch einen entsprechenden Unterschied zwischen grünen und Röstkaffeebohnen, sowie jeweils eine Abhängigkeit von der Feuchte, die höhere Kraftübertragung zulässt. Der erstmalige Bruch von Röstkaffeebohnen erfolgte auch dort bei ähnlicher Stauchung und Kräften deutlich unter 50 N.

Bei der Vermessung eines Bohnenkollektivs führt der vielfache Bruch des luftgekühlten Kaffees dazu, dass bei einer Stauchung von etwa 30 % Bruchstücke zum Teil in der Feinheit von Mahlkaffee vorliegen. Nach Umlagerung übertragen diese bei geringem weiteren Vorschub hohe Kräfte und sind nur in geringem Maße weiter stauchbar.

Tabelle 5.4: Einfluss der Materialfeuchte und der Ruhezeit auf den Penetrationswiderstand von Röstkaffeebohnen.

Kühlverfahren	Produktfeuchte	Penetrationswiderstand nach Ruhezeit		
		0:15 h	8 h	24 h
Luftkühlung	2 %	987 ± 200	871 ± 379	915 ± 385
Wasserkühlung	6 %	1192 ± 213	1141 ± 452	1289 ± 443

In dem feuchten Bohnenkollektiv kommt es ebenfalls zum Bruch, es verbleiben aber überwiegend große Bruchstücke, deren Elastizität eine Stauchung um rund 50 % erlaubt, bevor dann auch hier die Kraftaufnahme stark zunimmt.

Das Verhalten von Röstkaffee unter einaxialer Belastung in der Körperhochachse ist nicht linear und die Röstkaffeebohnen einer Charge zeigen ein individuelles Bruchverhalten. Die Bestimmung der oben genannten charakteristischen Größen ist dadurch erschwert und für die Beurteilung und Unterscheidung ähnlich präparierter Röstkaffeechargen unzweckmäßig. Darüberhinaus verbietet der maschinelle und zeitliche Aufwand der Messungen die für eine statistische Auswertung nötige vielfache Wiederholung der Analyse frisch gerösteter Kaffeebohnen in vergleichbarem Zustand, sofern sich dieser in der verstreichenden Ruhezeit verändert.

Anstelle der Materialprüfmaschine wurde deshalb auch ein Handpenetrometer verwendet, um die maximale Kraft bzw. den Druck zu ermitteln, bei dem eine einzelne Röstkaffeebohne erstmalig bricht. Verwendet wurde ein Penetrometer Testing Bluhm & Feuerherdt mit einer kreisförmig, ebenen Grundfläche, $d = 6$ mm, durch die die Kaffeebohne auf ihrer konvexen Seite parallel zu ihrer kürzesten Achse belastet wurde. Der Vorteil der Penetrometrie liegt in der einfachen Handhabung und schnellen Wiederholbarkeit der Messungen. So ist eine für Röstkaffeebohnen erforderliche statistische Absicherung der Ergebnisse möglich.

Bei der Durchführung dieser Bruchversuche war zu beobachten, dass sprödere, trockenere Kaffeebohnen frühzeitig bersten, während die feuchte Kaffeebohne der Last eher durch Rissbildung nachgibt. Den statistisch aus jeweils 100 Bruchversuchen gewonnenen Mittelwert des Penetrationswiderstands zeigt Tabelle 5.4.

Aufgrund der großen Streuung der Einzelergebnisse, die nicht nur in der Produktbeschaffenheit, sondern auch in der je nach Geometrie der Kaffeebohnen unterschiedlichen Kraftangriffsfläche begründet sind, ist auch diese Materialprüfung nur bedingt geeignet, die Unterschiede zwischen den exemplarisch ausgewählten Röstkaffeechargen verlässlich aufzuzeigen. Durchaus bemerkenswert ist jedoch die vor allem bei wassergekühltem Kaffee mit der Ruhezeit zunehmende Streuung, die der empirisch und analytisch festgestellten Äquilibrierung von Röstkaffeechargen insofern entgegen steht.

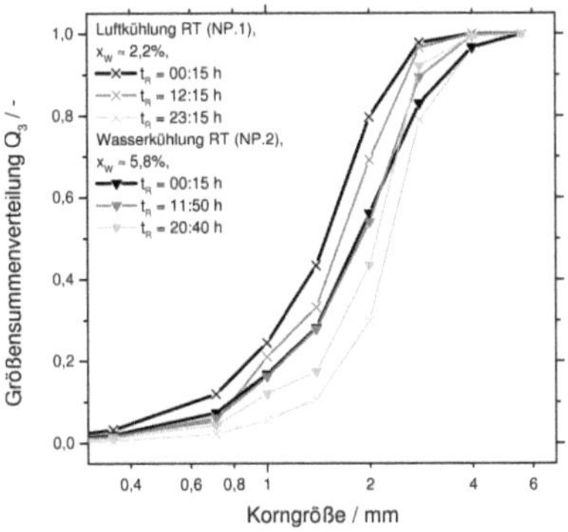

(a) Luft- und Wasserkühlung

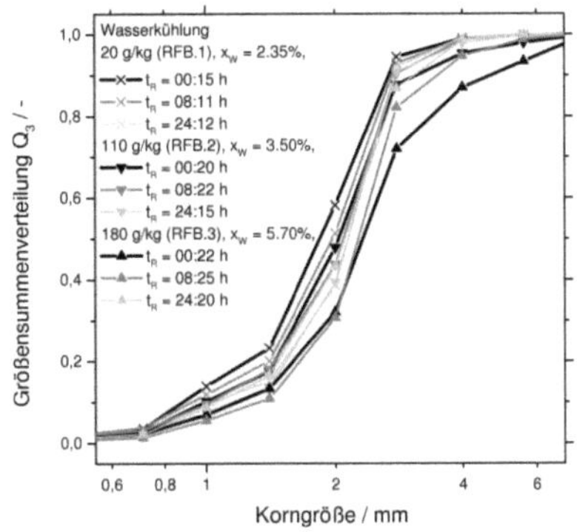

(b) Einfluss der Wassermenge

Abbildung 5.14: Bruchverhalten von Kaffeebohnen mit unterschiedlicher Produktfeuchte nach Luft- und Wasserkühlung.

Bruchverhalten des Einzelkorns

Den Vergleich des Bruchverhaltens von luft- und wassergekühlten Röstkaffeebohnen, hier statistisch ausgewertet über die Siebanalyse der Bruchstücke von 100 einzeln gebrochenen Kaffeebohnen, zeigt Abb. 5.14 (a). Dargestellt sind die Größensummenverteilungen Q_3 nach dem Bruch von Kaffeebohnen nach verschiedenen Ruhezeiten t_{R}. Der wassergekühlte Kaffee wurde durch Sprühkühlung mit 167 $\frac{\mathrm{g}}{\mathrm{kg}}$, bezogen auf grünen Kaffee, bei Raumtemperatur gekühlt. Auch hier ist zu erkennen, dass der Feingutanteil von Kaffeebruch unmittelbar nach der Luftkühlung deutlich größer ist als nach der Wasserkühlung. Dass der luftgekühlte Kaffee besser bricht ist auf seine höhere Sprödität aufgrund geringerer Feuchte zurückzuführen.

Mit zunehmender Ruhezeit sinkt der Feingutanteil beider Kaffeebruchchargen, was einen größeren Sauter-Durchmesser und damit auch eine geringere Energieausnutzung bedeutet. Insofern verschlechtert sich das Bruchverhalten beider Kaffees mit der Zeit. Eine mögliche Ursache für die Verschlechterung des Bruchverhaltens beider Kaffees sind die Trocknung in der umgebenden Raumluft sowie die Ausgleichsvorgänge im Inneren der Kaffeebohnen. Sie führen sowohl zu einer Verringerung des Feinanteils als aber auch zu einem geringeren Grobanteil. Die Partikelgrößenverteilung insbesondere der wassergekühlten Kaffeebohnen ist enger und das Bruchgut gleichmäßiger.

Schon im Rahmen der industriell zulässigen Feuchte findet bei wassergekühltem Kaffee mit der Ruhezeit eine Umkehrung des Bruchverhaltens statt. Abbildung 5.14 (b) zeigt für den mit wenig Wasser gekühlten Kaffee die Veränderung von feinem Bruch zu gröberem Bruch mit engerer Verteilung. Die Kaffeebohnen mittlerer Feuchte (aufgegeben 110 $\frac{\mathrm{g}}{\mathrm{kg}}$) ändern ihr Bruchverhalten kaum, während der Kaffee mit 5,7 % Feuchte (180 $\frac{\mathrm{g}}{\mathrm{kg}}$) nach sofortigem Bruch einen hohen Grobgutanteil aufweist und erst

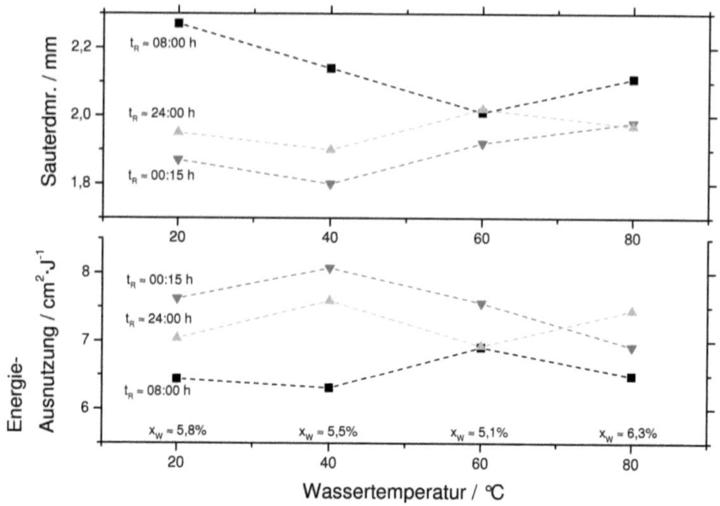

Abbildung 5.15: Einfluss der Kühltemperatur auf das Bruchverhalten wassergekühlter Röstkaffeebohnen.

nach einer Ausgleichszeit von mehr als 8 Stunden eine engere Verteilung im Bereich der anderen Kaffeemuster (mit $x_{50} \approx 2$ mm) ergibt.

Eine erhöhte Temperatur des Quenchmediums verringert die Veränderung des Bruchverhaltens in der Ruhezeit. So zeigt der Bruch hochtemperatur-gekühlter Röstkaffeechargen unabhängig von der Ruhezeit, also auch unmittelbar nach der Kühlung, die einheitliche Korngrößenverteilung, die sich beim Röstkaffee nach Kühlung bei tiefer Temperatur erst sehr viel später einstellt.

Aus den Ergebnissen der Einzelkorn-Bruchversuche mit industriell hergestellten Röstkaffeechargen wird die Vereinheitlichung des Bruchverhaltens mit zunehmender Ruhezeit deutlich, die bei niedrigerem Röstgrad stärker ausgeprägt ist als bei hohem Röstgrad. Die Energieausnutzung bei der Zerkleinerung ist bei niedrigerem Röstgrad und vergleichbarem Wasseranteil der Kaffeebohnen tendenziell höher. Die Feuchte hat jedoch einen deutlich größeren Einfluss auf das Bruchverhalten als der Röstgrad.

Wie eingangs erwähnt, stellt die hier durchgeführte Einzelkornbeanspruchung zwischen zwei planparallelen Bruchflächen eine spezielle, energetisch günstige Form der Beanspruchung dar. Dass die gefundenen Ergebnisse auf die Vermahlung, insbesondere die Zerkleinerung auf solchen Mahlsystemen, die mehr auf Scherung als auf Prall beanspruchen, nur bedingt anwendbar sind, wird durch die folgenden Ergebnisse der Analysen entsprechender Mahlkaffees gezeigt.

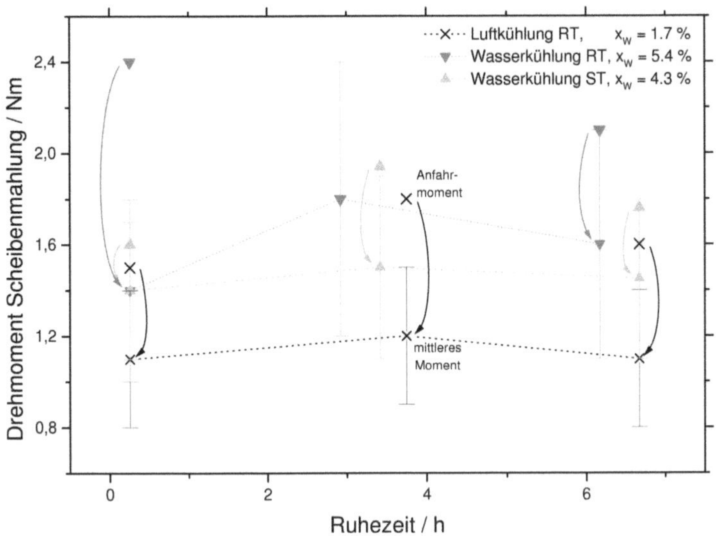

Abbildung 5.16: Anfahr- und mittleres Drehmoment bei der Scheibenmahlung unterschiedlich quenchgekühlter Röstkaffeechargen.

Mahlverhalten von Frischröstkaffee

Werden verschiedene Mahlsysteme für die Vermahlung luft- oder wassergekühlter Röstkaffeechargen eingesetzt, so führt dies stets zu unterschiedlicher Lage und Breite der Korngrößenverteilungen. Die mittleren Korngrößen können in einem weiten Bereich variieren, so dass beim Röstkaffee auch grundlegende Untersuchungen der Materialprüfung und des Bruchverhaltens nicht auf sämtliche Mahlsysteme übertragbar sind. Auch die verschiedenen Mahlsysteme untereinander sind nicht vergleichbar, da der Einfluss der mahlsystem-spezifischen Beanspruchungsart und Parameter-Einstellungen auf die sich ergebende Korngrößenverteilung mindestens so groß ist, wie der Einfluss der Mahlguteigenschaften selbst.

Wie schon beim Bruchverhalten, konnte jedoch auch für die Mahlbarkeit von Röstkaffee festgestellt werden, dass sich nicht nur die Feuchte, sondern insbesondere auch die Wassertemperatur während des Quenchprozesses sowie die nachfolgende Ruhezeit auf das Mahlverhalten auswirken. Luftgekühlte Kaffeebohnen verändern ihr Mahlverhalten im Verlauf der Ruhezeit wenig, in der Regel verbreitert sich die Korngrößenverteilung und verschiebt sich hin zu etwas feinerem Korn. Die Wiederbefeuchtung des Röstkaffees durch die Quenchkühlung mit Wasser bei Raumtemperatur bedingt, dass in der nachfolgenden Ruhezeit größere Veränderungen des Mahlverhaltens auftreten, die nicht für jedes Mahlsystem und jede Kaffeecharge sicher vorherzusagen sind. In der Regel ist die Verteilung bei sofortiger Vermahlung sehr breit, verengt

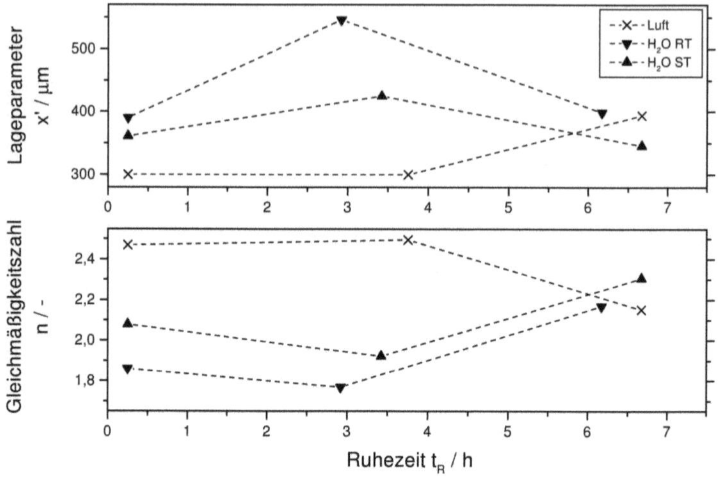

Abbildung 5.17: RRSB-Parameter der Korngrößenverteilung nach Scheibenmahlung unterschiedlich quenchgekühlter Röstkaffeechargen in einem Labormahlwerk.

und verschiebt sich aber mit zunehmender Ruhezeit insbesondere bei hohen Kaffeefeuchten hin zu gröberem Korn. Annähernd bei Siedetemperatur quenchgekühlte Röstkaffeebohnen zeigen Mahlergebnisse, die dem raumtemperaturgekühlten Kaffee entsprechen. Veränderungen während der Ruhezeit bis zum Erreichen dieses Mahlverhaltens sind deutlich geringer, d.h. das Erzielen ähnlicher mittlerer Korngrößen und Verteilungsbreiten ist auch bei einer Vermahlung unmittelbar nach Röstung möglich. Damit ist das Mahlverhalten siedewassergekühlten Röstkaffees bei sofortiger Vermahlung eher dem des luftgekühlten Kaffees vergleichbar als dem des kaltwassergekühlten Kaffees, selbst wenn der letztere die gleiche Produktfeuchte aufweist.

Der für die Vermahlung erforderliche Aufwand konnte bei der projektbegleitenden Industrie durch die Ermittlung des Drehmoments an einem Labor-Scheibenmahlwerk bestimmt werden. Das mittlere Drehmoment in Abbildung 5.16 ist demnach bei luftgekühltem, relativ trockenem Kaffee am kleinsten und nimmt mit der Feuchte der Kaffeemuster zu. Zur Beurteilung der Mahlbarkeit wird häufig die Leistungsaufnahme der Mühle im Anfahrmoment betrachtet. Hier bestätigt sich, dass sich der siedegekühlte Kaffee speziell bei sofortiger Vermahlung ähnlich verhält wie der luftgekühlte Kaffee. Es entsteht bei gleicher Einstellung der Mühle also kein erheblicher Mehraufwand zur Vermahlung der Kaffeecharge.

Die sich bei dieser Mahlung ergebenden Korngrößenverteilungen, in Abbildung 5.17 als Parameter der Korngrößenverteilung RRSB dargestellt, bestätigen die Beobachtungen aus der Einzelkornzerkleinerung. Der trockene, hier luftgekühlte Kaffee nähert sich von feinerem Korn, der feuchteste, raumtemperatur-quenchgekühlte Kaffee von gröberem Korn einer mittleren Kornverteilung an, die nach sechsstündiger Ruhezeit bei allen Mahlkaffees ähnlich ist. Einzig der heißwasser-gekühlte Kaffee hat sich in der Ruhezeit hinsichtlich Verteilungsbreite und -lage kaum verändert.

Hinsichtlich des Feuchtegehalts verhält sich Röstkaffee bei der Vermahlung somit ähnlich wie andere Mahlgüter aus dem Lebensmittelbereich. Eine zunehmende Feuchte bedeutet eine größere mittlere Korngröße durch einen geringeren Feinanteil und mehr Grobgut. Beim Röstkaffee ist dies verbunden mit der gegenläufigen Veränderung trockener und feuchter Chargen während der Ruhezeit. Ein höherer Röstgrad hat trotz ähnlicher Endfeuchten jeweils auf gleiche Weise gekühlter Kaffeechargen bei sofortiger Vermahlung feineres Korn zur Folge. Nach längerer Ruhezeit überwiegt jedoch der Einfluss des durch Wiederbefeuchtung eingestellten Wassergehalts, dann tritt kein wesentlicher Unterschied im Mahlverhalten hell und dunkel gerösteter Kaffeebohnen gleicher Feuchte auf.

6. Temperaturfeld in Kaffeebohnen

6.1 Ergebnisse der experimentellen Temperaturfeldbestimmung

6.1.1 Röstung

Bei der Röstung von Kaffeebohnen kommt es unabhängig von der Art der Wärmeübertragung in der Anfangsphase der Röstung zu großen Temperaturunterschieden zwischen Oberfläche und Zentrum der Kaffeebohne. Der experimentell maximal ermittelte Temperaturunterschied beträgt bei der Röstung in ruhendem Röstgas etwa 50 K, bei der Röstung mit erzwungener Konvektion 70 K. Während der örtliche Temperaturgradient bei der Strahlungsröstung mit zunehmender Temperatur kontinuierlich kleiner wird, steigen die Temperaturen bei der Umluftröstung mit einer annähernd konstanten Temperaturdifferenz zwischen Kern und Oberfläche. Die geringe Wärmeleitfähigkeit der Kaffeebohnenmatrix steht einer gleichmäßigen Röstung in kurzen Röstzeiten somit entgegen. Anfangs sind die Temperaturdifferenzen in der Kaffeebohne gegenüber der Differenz der Oberflächen- und Röstgastemperatur von vergleichbarer Dimension, so dass die Biotzahl erheblich größer ist, als für Wirbelschichtprozesse üblicherweise angenommen. Da sich das Verhältnis von innerem zu äußerem Wärmetransportwiderstand während der Röstung noch verschlechtert, kommt es zu einer Angleichung der Oberflächen- und Kerntemperatur erst, wenn die Oberflächentemperatur der Temperatur des Röstgases weitgehend entspricht.

In den Temperaturverläufen sowohl der Oberfläche als auch des Inneren der Kaffeebohnen ist jenseits von 200 °C ein deutlicher Knick durch einen kurzzeitigen, schlagartigen Temperaturrückgang zu erkennen. Er erfolgt bei der Röstung mit erzwungener Konvektion nach etwa 1,5 bis 2 Minuten, in ruhendem Röstgas nach 3 bis 4 Minuten, bei beiden Röstverfahren und bei allen Bohnensorten aber etwa übereinstimmend bei 210 °C bis 220 °C. Dieser Knick steht im Einklang mit der Unstetigkeit im Masse-Zeit-Verlauf. Durch den zunehmenden Innendruck kann Wasser auch bei Temperaturen über dem Siedepunkt noch in flüssiger Form vorliegen. Wenn schließlich die Bohnenstabilität dem Innendruck nicht mehr standhält, kommt es zu einer plötzlichen Druckentlastung, bei der CO_2 und schlagartig verdampfendes Wasser abgegeben werden. Bei der Verdampfung von Wasser wird die Verdampfungsenthalpie der umgebenden Bohnenmatrix entzogen und führt dementsprechend zu deren Temperaturabsenkung, beziehungsweise zu einem verminderten Temperaturanstieg.

Nach der Unstetigkeit in den Temperaturverläufen kommt es unabhängig von der Art des äußeren Wärmeübergangs kurzzeitig zu einem schnelleren Temperaturanstieg als vor der Unstetigkeit. Dies betrifft vor allem das Bohneninnere, so dass es folglich zu einer schnellen Angleichung der Temperaturen bis hin zur Isothermie mit dem Röstgas kommt. Dieser schnellere Temperaturanstieg wird auf die nun vorherrschenden

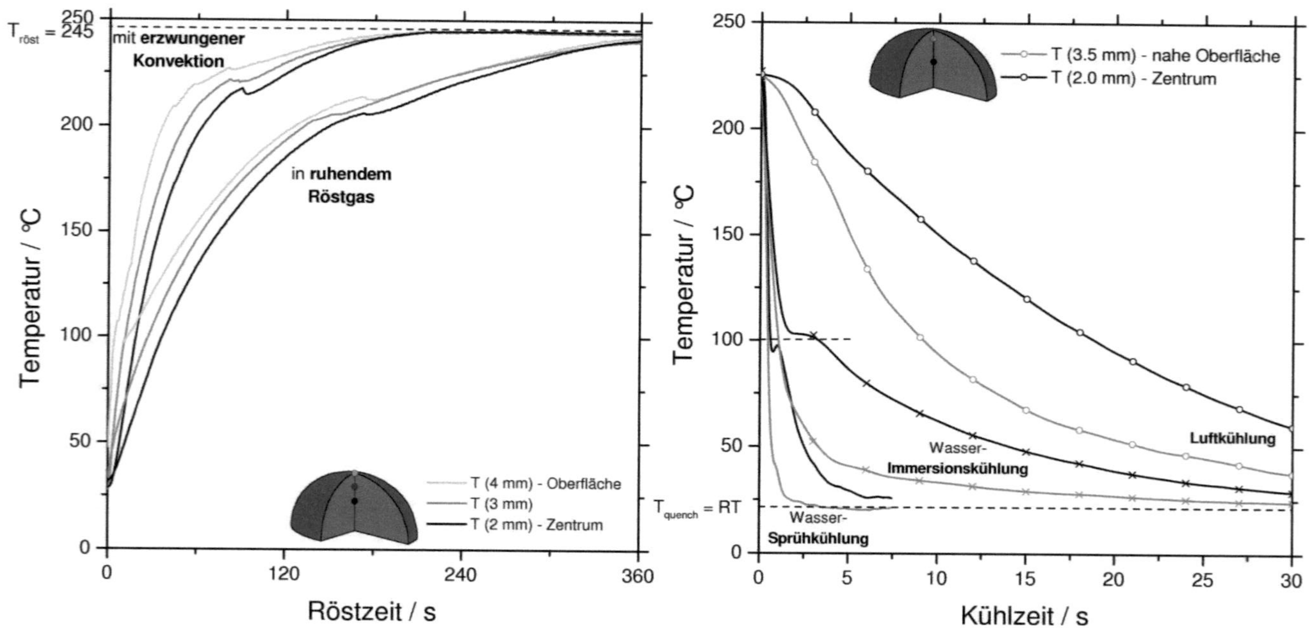

Abbildung 6.1: Temperaturverlauf in Kaffeebohnen Santos Arabica während der Röstung und Kühlung bei unterschiedlichen Wärmeübergangsmechanismen.

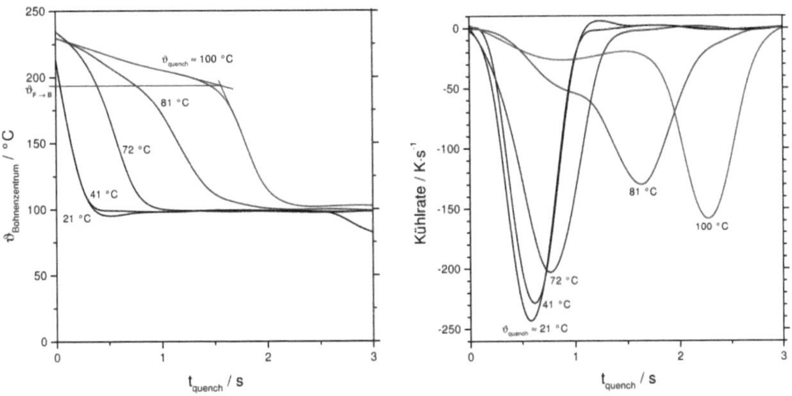

(a) Temperaturverlauf

(b) Temperaturänderungsrate

Abbildung 6.2: Einfluss der Wassertemperatur auf den Temperaturverlauf während der Immersionskühlung von Kaffeebohnen.

exothermen Reaktionen zurückgeführt, die zu einer Wärmeproduktion in der Bohne führen und damit einen schnelleren Temperaturanstieg bewirken. Die Kinetik und der Temperaturbereich der exothermen Reaktionen konnten aus den dargestellten Temperaturverläufen allein nicht abgeleitet werden.

6.1.2 Quenchen

Den prinzipiellen Temperaturverlauf in Kaffeebohnen bei der Kühlung mit Luft und Wasser, jeweils bei Raumtemperatur, zeigt Abb. 6.1. Die Luftkühlung führt mit verhältnismäßig niedrigem Wärmeübergang, dabei aber hohen Biot-Zahlen, zu einem langsamen, stetigen Abkühlen der Kaffeebohnen mit Temperaturunterschieden bis 150 K zwischen Rand und Zentrum.

Bei der Wasser-Quenchkühlung hängt das Temperaturfeld entscheidend von der Temperatur und den Stoffeigenschaften des Quenchmediums, sowie der Temperatur und der Beschaffenheit der Oberfläche, auch der inneren Oberfläche ab. Sie beeinflussen das Verdampfungsverhalten, den Wärmeübergang und das Abkühlverhalten des Röstkaffees. Die Kerntemperaturverläufe der Kaffeebohnen verharren während der Wasserkühlung kurzzeitig bei etwa 100 °C, der Verdampfungstemperatur des Quenchmediums. Zurückzuführen ist dies einerseits auf den geringeren Wärmeübergang an das Quenchmedium sobald an der Oberfläche keine Verdampfung mehr stattfindet. Da es sich aber um ein im Zentrum der Bohne auftretendes Phänomen handelt, sind auch Effekte wie die Verdampfung in Poren und die Kondensation von (Rest-)Feuchte beteiligt, die zu einem langsameren Abkühlen unterhalb 100 °C auch im Inneren der Bohnen, sowie zum Freiwerden latenter exothermer Energie beim Erreichen von

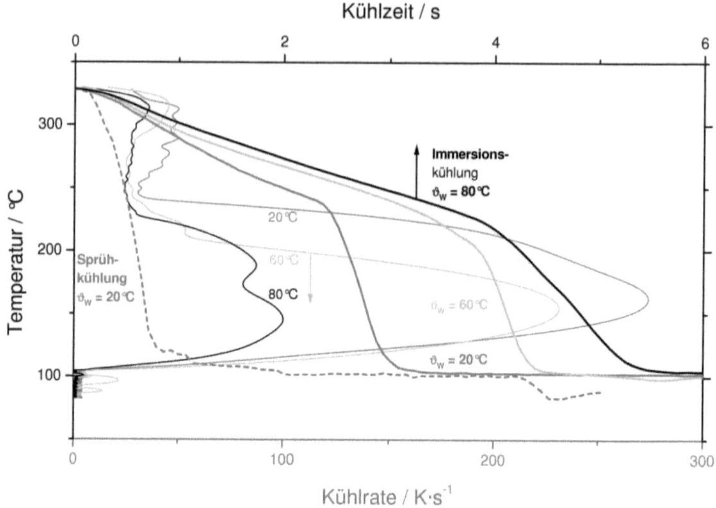

Abbildung 6.3: Ermittlung verschiedener Siedemechanismen bei der Quenchkühlung von Röstkaffee aus experimentellen Temperaturverläufen.

100 °C beitragen. Besonders auffällig wird dies beim Spray-Quenchprozess. Verglichen mit dem Immersionsquenchen sind die Abkühlraten hier deutlich höher, da ein ständiger Kontakt mit der Flüssigphase und deren Verdampfung an der Oberfläche durch das wiederholte Auftreffen von Tropfen stattfinden. Unterschreitet die Zentrumstemperatur 100 °C, sinken schlagartig die Abkühlraten und es kommt sogar zu einem Temperaturanstieg, der auf eine Wärmequelle in Form von latenter Energie durch Kondensation schließen lässt. Sie ist Folge des Stofftransports von Wasserdampf in das Bohneninnere.

Führt man die Immersionskühlung von Röstkaffeebohnen mit auf verschiedene Temperaturen vorgewärmtem Wasser durch, werden die Unterschiede von dessen "Quenchvermögen" deutlich. Die Wärmeübergangsraten sind umso größer, je niedriger die Temperatur des Quenchmediums war. Ein hoher Wärmeübergang stellt sich von Beginn an ein und führt zur Unterschreitung des Temperaturbereichs für Röstreaktionen innerhalb einer Sekunde. Bei einer Temperatur des Kühlwassers von 80 °C und darüber beginnt die Kühlung deutlich langsamer. Erst nachdem die Oberflächentemperatur innerhalb von etwa 2 Sekunden um etwa 20 K bis 30 K abgenommen hat, und der kollabierende Dampffilm zunehmend Kontakt mit flüssigem Wasser erlaubt, werden auch hier höhere Kühlraten erreicht.

Werden der Temperaturverlauf über der Zeit und die Temperaturänderungsrate über der Kaffeebohnentemperatur aufgetragen, so kann die Temperatur des Übergangs der verschiedenen Siedebereiche ermittelt werden, vgl. Kapitel 4.1.2. In Abb. 6.3 ist in dem Übergang von geringen Abkühlraten zu hohen Abkühlraten, im Bereich von

220 °C bis 230 °C, der Übergang vom Filmsieden zum Blasensieden, der sogenannte Leidenfrostpunkt, zu sehen. Die beiden dargestellten Temperaturverläufe bedeuten, dass der Leidenfrostpunkt nicht konstant ist, sondern sich vielmehr mit steigender Wassertemperatur nach unten, und mit steigender Rösttemperatur nach oben verschiebt.

6.2 Berechnung des Temperaturfelds in einer Kaffeebohne

Die zuvor diskutierten Vorgänge des Wärme- und Stofftransports an einzelnen Kaffeebohnen während der Röstung und der anschließenden Kühlung wurden auf Grundlage physikalisch begründeter Modelle und experimentell ermittelter Stoffeigenschaften in ein halb-empirisches Rechenmodell eingebracht. Die Berechnung der Röst- und Kühlprozesse unter Berücksichtigung der Vorgänge in der einzelnen Kaffeebohne dient dem Ziel, im Rahmen der getroffenen Annahmen beziehungsweise eines Gültigkeitsbereichs Erkenntnisse über die Veränderung der stofflichen Zusammensetzung und des Temperaturfelds der Kaffeebohnen zu erhalten. Im Hinblick auf die Produktoptimierung, so z.B. die Homogenität des Röstkaffees, die aus einer größtmöglichen Gleichförmigkeit der Veränderungen in den einzelnen Kaffeebohnen resultiert, kann auf diese Weise eine geeignete Einstellung verschiedener Röst- und Kühlparameter vorausbestimmt werden. Anders als in inkrementellen Berechnungen des Röstprozesses, bei denen unter Annahme einer homogenen, mittleren Temperatur der Kaffeebohne die Vorgänge im Inneren weitgehend ausgeblendet werden [Sch02], wird hier das durch veränderliche Stoffeigenschaften und Stofftransport, Reaktionen und Volumenänderung beeinflusste, instationäre Temperaturfeld der Kaffeebohnen berechnet. Dabei waren einige vereinfachende Annahmen unerlässlich, die vor allem die Geometrie und die Morphologie der Kaffeebohne betreffen.

6.2.1 Annahme eines vereinfachten Modells

Die unregelmäßige äußere Gestalt einer Kaffeebohne wird als Kugel oder als halbellipsoidale Geometrie mit dem gleichen Volumen wie die ursprüngliche Kaffeebohne dargestellt. Die Veränderung des Volumens während der Prozesse wird jedoch berücksichtigt. Im Inneren wird die Kaffeebohne insoweit idealisiert betrachtet, als die innere Struktur ungeachtet der Entstehung makroskopisch sichtbarer Hohlräume und der Veränderung des mikroskopischen Porengefüges als homogen angenommen wird. Das bedeutet, dass die innerhalb der realen Kaffeebohne auftretenden, örtlich unterschiedlichen Wärme- und Stofftransportmechanismen nicht berücksichtigt werden können. Es kommen im Inneren vielmehr die Wärmeleitung und Diffusion durch ein poröses, aber homogenes und isotropes Gefüge zum Tragen. Die Änderung der Porosität, wie auch die Änderung des Gesamtvolumens während der Prozesse wird jedoch berücksichtigt. Beim äußeren Wärme- und Stoffübergang können ohnehin alle auftretenden Mechanismen, von direktem Kontakt bis hin zur Konvektion, Berücksichtigung finden. Durch die Annahme der Rotationssymmetrie kann die Berechnung der Transporteffekte in eindimensionaler Richtung, entlang des Kugelradius r, erfolgen.

In der Modellvorstellung besteht die homogene, idealisierte Kaffeebohne aus drei Phasen, das sind die Feststoffmatrix, eine Gasphase sowie die Feuchte. Diese kann sowohl als Flüssigkeit gebunden als auch dampfförmig in der Gasphase vorliegen. Bei der

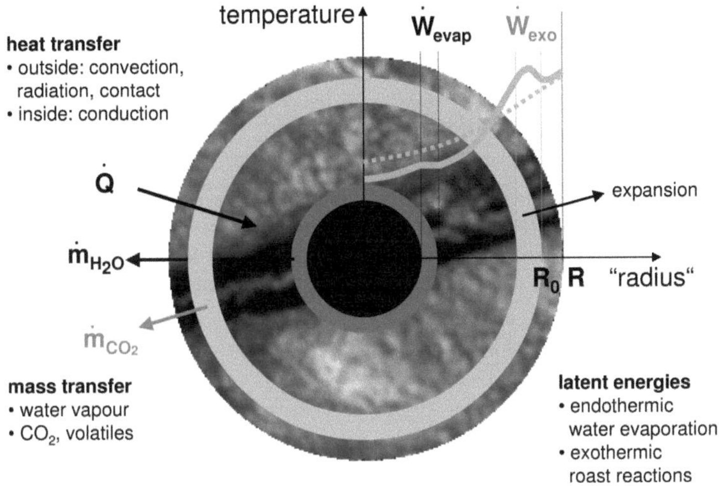

Abbildung 6.4: Erweitertes Modell der wandernden Reaktionsfronten zur Berechnung der Vorgänge in Kaffeebohnen während der Röstung und Kühlung.

Berechnung der Temperaturänderung während der Röstung und Kühlung wird außerdem berücksichtigt, dass die thermophysikalischen Stoffdaten temperaturabhängig sind, und dass während dieser Prozesse in der Kaffeebohne Reaktionen stattfinden, die als Wärmesenke (endotherme Verdampfung) oder Wärmequelle (exotherme Röstreaktionen und Kondensation) fungieren. Durch den stofflichen Umsatz während dieser Reaktionen wird ein Stofftransport bedingt, der durch das Modell der von außen ins Innere wandernden Fronten beschrieben wird, wie in Abb. 6.4 dargestellt. Über die Reaktionen, die sowohl den Stofftransport verursachen als auch durch ihre latenten Energien einen Einfluss auf die Temperaturänderung haben, entsteht somit eine Kopplung zwischen den darüber hinaus unabhängigen Modellen zur Beschreibung der Wärme- und Stofftransportvorgänge.

Die Berechnung der Temperaturänderungen basiert grundsätzlich auf der Differentialgleichung 6.1, die bereits die Temperaturabhängigkeit der Stoffeigenschaften sowie das Auftreten von Wärmequellen und -senken beinhaltet:

$$\rho_{\mathrm{B}}\, c_{p(T)} \cdot \frac{\partial T}{\partial t} = \mathrm{div}\ \left[\lambda_{\mathrm{B}\,(T)} \cdot \mathrm{grad}\ T\right] + \dot{W}_{(T,x,t)}. \tag{6.1}$$

Anfangsbedingung ist die homogene Temperatur der Kaffeebohne vor dem Rösten. Für die Randbedingung müssen die Temperatur des Röstgases als auch der Mechanismus der Wärmeübertragung bekannt sein. Für den konvektiven Wärmeübergang,

Randbedingung dritter Art, gilt unter Benutzung des Wärmeübergangskoeffizienten α aus Abschnitt 4.1.1 folgende Gleichung 6.2:

$$-\lambda_{B(T)} \cdot \left.\frac{\partial T}{\partial r}\right|_{r=R} = \alpha \cdot (T_R - T_\infty) . \tag{6.2}$$

Entsprechend wird der dampfförmige Transport des Wassers Feuchte aus einer Materialbilanz an der fortschreitenden, endothermen Reaktionsfront berechnet, die mit Gleichungen des diffusiven und konvektiven Stofftransports kombiniert wird. Formal als Stoffübergang dargestellt, berechnet sich der Dampfmassenstrom $\dot{m}_W$ wie folgt:

$$\dot{m}_W = \frac{M_W \cdot \rho_L}{1/\beta + 1/\beta_i} ln\left(\frac{1 - x_\infty}{1 - x_{tr}}\right) \tag{6.3}$$

$$\begin{aligned}
\text{mit} \quad \beta_i &= \frac{D_{eff}}{R(R/r_{tr} - 1)} , \\
D_{eff} &= \left(1 - \frac{\rho_p}{\rho_s}\right) \cdot D_W , \\
D_W &= \frac{2,263 \cdot 10^{-5}}{\frac{p}{\text{bar}}} \cdot \left(\frac{T}{273,15}\right)^{1,81} .
\end{aligned}$$

Hierin ist die Feuchtedifferenz der Luft zwischen der Position des Trockenspiegels x_{tr} und der Umgebung x_∞ das treibende Gefälle sowohl für den äußeren Stoffübergang β, als auch für den diffusiven Stofftransport im Inneren, der formal als Stoffübergang mit einem inneren Stofftransportkoeffizienten β_i dargestellt wird. Der äußere Stoffübergang wird analog zur Wärmeübertragung (Kapitel 4.1.1) berechnet. In den inneren Transport geht der Diffusionskoeffizient D_D der Feuchte nach Schirmer [Sch38] ein, der unter Berücksichtigung gemessener Schein- und Feststoffdichten ρ_p bzw. ρ_s in einen effektiven Diffusionskoeffizienten umgerechnet wird. Durch die Verwendung der empirischen Daten für die Dichte kann Phänomenen wie dem Volumenzuwachs und dem "cracking" der Kaffeebohne entsprochen werden, die den Diffusionswiderstand kontinuierlich beziehungsweise schlagartig senken. Bei der Berechnung der Luftfeuchte am Trockenspiegel werden neben dem örtlichen Gesamtdruck und dem Sattdampfdruck nach Antoine-Gleichung insbesondere das Gleichgewicht mit der Feuchte des Feststoffs gemäß Sorptionsisotherme 3.10 berücksichtigt, unter Annahme der stets sofortigen Einstellung dieses Gleichgewichts. Die Berechnung des örtlichen Gesamtdrucks erfolgt dabei nach dem Idealen Gasgesetz für geschlossene Poren und ergibt Innendrücke von bis zu 5 bar.

Das Diagramm 6.5 zeigt den prinzipiellen Ablauf der Berechnungen. Der Programmcode ist detailliert in Anhang A wiedergegeben.

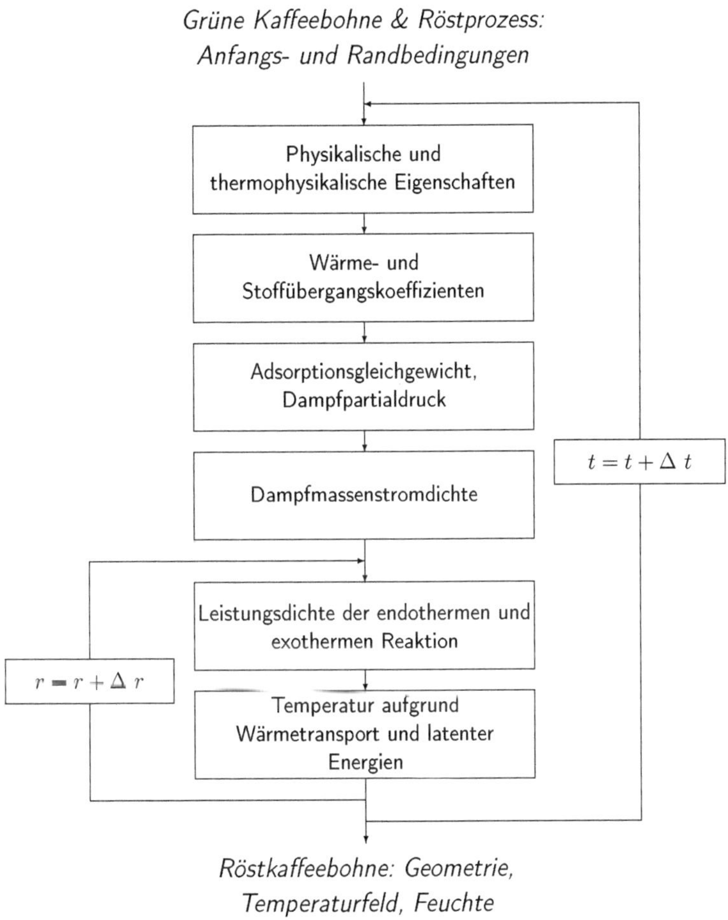

Abbildung 6.5: Programmablauf zur Berechnung von Temperaturfeld und Stofftransport in Kaffeebohnen während der Röstung und Kühlung.

Für die der Röstung nachfolgenden Luftkühlung gelten entsprechende Bedingungen mit den geänderten Stoffdaten der kalten Luft. Während Stofftransport und die Reaktionen bis zum Unterschreiten des zugehörigen Temperaturintervalls noch andauern können, bleiben die zuvor in Abhängigkeit der Temperatur formulierten Stoffeigenschaften der Kaffeebohne nunmehr konstant. Bei der Quenchkühlung mit Wasser wird zusätzlich empirischen Feststellungen entsprochen, denen zufolge die Temperatur auch im Inneren der Kaffeebohne sofort abfällt und die Kaffeebohne sowohl an der äußeren

Oberfläche als auch entlang des innen verlaufenden Schnitts für das Wasser zugänglich ist und befeuchtet wird [Fis05]. Die Verdampfung des Wassers und die in Abschnitt 4.1.2 dargestellten Wärmeübergangskoeffizienten sollen deshalb auch an innen liegenden Oberflächen jedes Volumenelements der betrachteten Geometrie wirksam sein, jeweils bis die Siedetemperatur unterschritten wird. Daraufhin wird Kondensationswärme entsprechend der wieder zunehmenden Wasserbeladung bis zum Erreichen der zuvor festgelegten Produktendfeuchte frei.

6.2.2 Ergebnisse

Berechnung der "Standard"-Röstung

Die Berechnung des Röst- und Kühlprozesses resultiert in der Veränderung der stofflichen Zusammensetzung und des Temperaturfelds im Inneren der einzelnen Kaffeebohne. Die Abbildungen 6.6 zeigen die Entwicklung der Temperaturfeldberechnung unter Hinzunahme jeweils eines weiteren Phänomens der Kaffeeröstung. In den Rechnungen wurden zunächst konstante Stoffdaten des Rohkaffees (a), dann veränderliche Stoffdaten (b), das Verdampfen der Feuchte (c), Röstreaktionen (d), sowie schließlich die Kombination aus diesen unter Annahme eines stetig sich ändernden Diffusionswiderstands (e) und eines schlagartig infolge "Aufplatzens" abnehmenden Diffusionswiderstands (f) angenommen.

Anschaulich werden insbesondere der Einfluss der Feuchte im Inneren, wo aufgrund der höheren Wärmekapazität und -leitfähigkeit kleinere Temperaturgradienten auftreten. Die Verdampfungsfront markiert den Übergang zu einer äußeren Schale, wo aufgrund der Trockenheit und größeren Porosität die Wärmekapazität und -leitfähigkeit reduziert sind und ein steilerer Temperaturgradient auftritt. Aus diesem Grund steigt die Temperaturdifferenz zwischen Zentrum und Oberfläche auf bis zu 140 K, bevor sich die Bohnentemperatur wieder der Isothermie nähert. Ferner zeigt sich das Potential der endothermen Verdampfung und der exothermen Röstraktion, den Temperaturanstieg insgesamt zu dämpfen beziehungsweise zu beschleunigen. Aus dem unterschiedlichen Fortschreiten der Verdampfungsfront in Abbildungen (e) und (f) wird deutlich, dass der Diffusionswiderstand einen verstärkenden oder ausgleichenden Einfluss haben kann. Nimmt er schnell ab, so erfolgt zügiges Verdampfen der Feuchte und die Energie-relevanten Vorgänge erfolgen zeitlich und örtlich weitgehend getrennt. Die Simulation einer schlagartigen Abnahme erst zu spätem Zeitpunkt sorgt indes für verzögertes Verdampfen der Feuchte und weitgehende Simultanität mit exothermen Reaktionen, wodurch Temperaturanstieg und -gradienten gleichmäßiger ausfallen.

Der letzte Fall wurde als Standard definiert, auf dem der Vergleich mit Messwerten und weitere Variationsrechnungen aufbauen. Die entsprechenden Parameter, die in das Rechenprogramm eingehen, sind in Tabelle 6.1 aufgelistet. Sie resultieren in der Darstellung 6.6 (f) des Temperaturfelds, sowie des zeitlichen Verlaufs verschiedener Größen in Abbildungen 6.7.

Tabelle 6.1: Parameter zur Berechnung der "Standard"-Kaffeeröstung.

Parameter	Einheit	Wert
Durchmesser zu Beginn	mm	6.45
Masse zu Beginn	g	0,167
Masse, Verlauf		Gl. 5.5
Feuchte zu Beginn	%	12
Endfeuchte	%	1,5
Gesamtzeit	s	240
Röstzeit	s	180
Dichte zu Beginn	$\frac{kg}{m^3}$	1.190
Dichte, Verlauf		Gl. 5.6
Wärmekapazität der trockenen Matrix	$\frac{J}{kg \cdot K}$	2.300
Wärmeleitfähigkeit zu Beginn	$\frac{W}{m \cdot K}$	0,183
Wärmeleitfähigkeit, Verlauf		Gl. 4.9
Relativgeschwindigkeit Bohne/Heißluft	$\frac{m}{s}$	5
Relativgeschwindigkeit Bohne/Kühlluft	$\frac{m}{s}$	8
Feuchte der Heißluft	%	0
Produkttemperatur zu Beginn	°C	25
Heißluft-Temperatur	°C	240
Kühltemperatur	°C	20
Exotherme Reaktionswärme maximal	$\frac{kJ}{kg}$	240
Reaktionsverlauf		Gl. 4.16

Vergleich mit experimentellen Werten

Abbildung 6.8 zeigt, dass experimentell ermittelte und berechnete Temperaturen ähnlich verlaufen. Phasenweise entstehen Unterschiede einerseits, da experimentell gewonnene Temperaturen aufgrund der einzigartigen Beschaffenheit und Geometrie der vermessenen Kaffeebohne nicht einer bestimmten Position der Geometrie exakt zugeordnet werden können und darüberhinaus nicht ortsfest sind. Andererseits lässt auch das Modell Möglichkeiten der Optimierung speziell hinsichtlich der Geometrie, der Größenordnung und Kinetik der exothermen Reaktionen, sowie in der Berücksichtigung der dadurch zunehmenden Anisotropie der Kaffeebohne. Tendenziell zeigt sich, dass der experimentelle Temperaturverlauf in der Anfangsphase weniger stark gedämpft wird, wohingegen der endotherme Flash des Verdampfens infolge Aufplatzens der Bohne stärker ausgeprägt ist, als in der Modellrechnung angenommen.

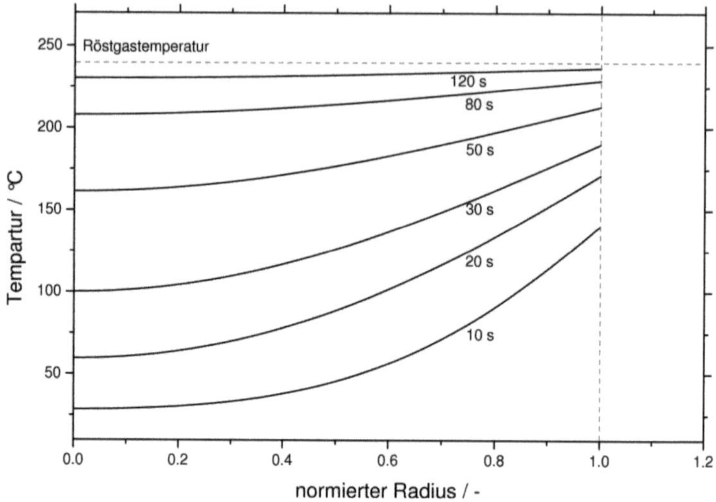

(a) Stoffdaten des Rohkaffees konstant

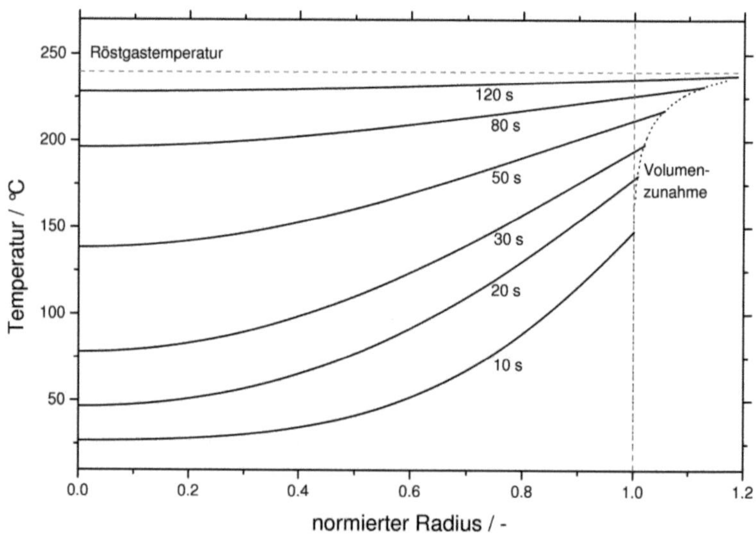

(b) Stoffdaten und Volumen veränderlich

Abbildung 6.6: Berechnung der instationären Temperaturverteilung in einer der Kaffeebohne äquivalenten Kugel während des konvektiven Röstprozesses, unter Berücksichtigung verschiedener Einflussparameter.

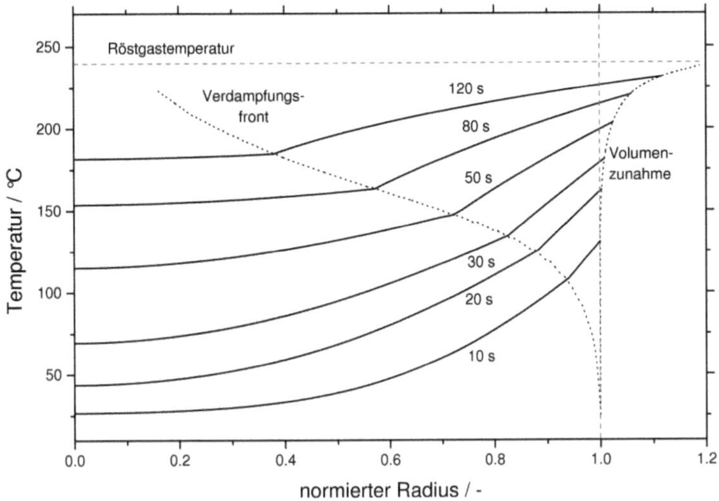

(c) Nur mit endothermer latenter Energie

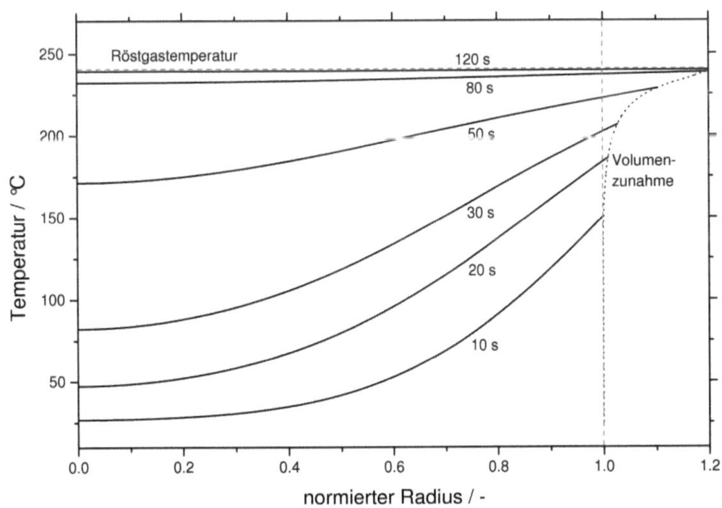

(d) Nur mit exothermer latenter Energie

Abbildung 6.6: Berechnung der instationären Temperaturverteilung in einer der Kaffeebohne äquivalenten Kugel während des konvektiven Röstprozesses, unter Berücksichtigung verschiedener Einflussparameter (Forts.).

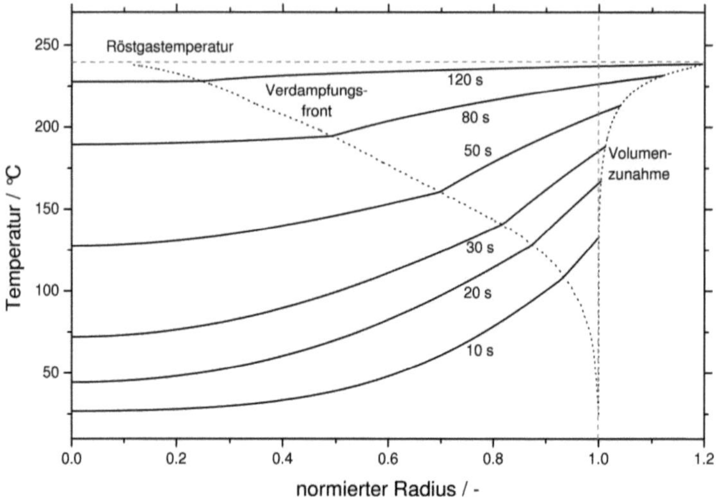

(e) Stetig abnehmender Diffusionswiderstand

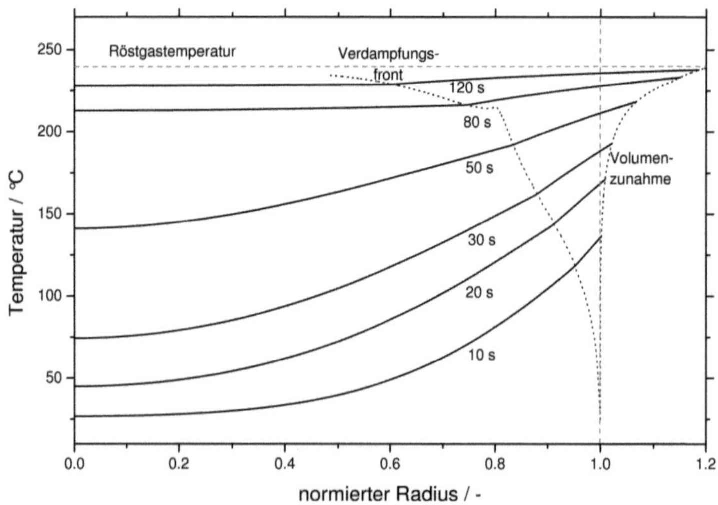

(f) Sprunghaft abnehmender Diffusionswiderstand bei $\vartheta = 220$ °C

Abbildung 6.6: Berechnung der instationären Temperaturverteilung in einer der Kaffeebohne äquivalenten Kugel während des konvektiven Röstprozesses, unter Berücksichtigung verschiedener Einflussparameter (Forts.).

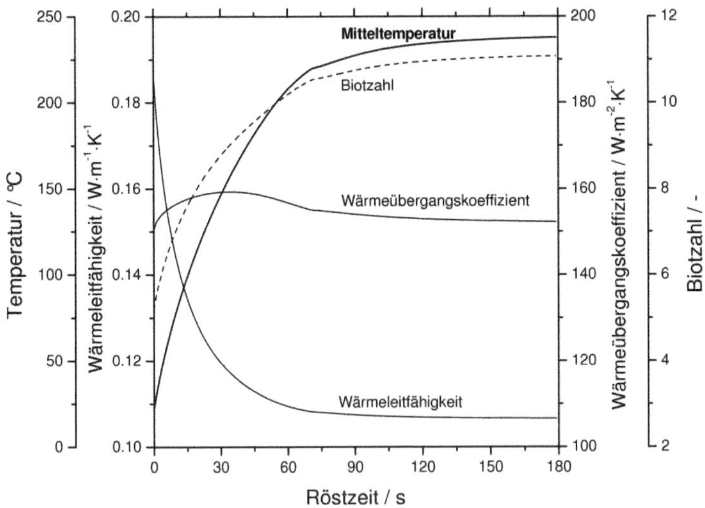

(a) Wärmetransportkoeffizienten

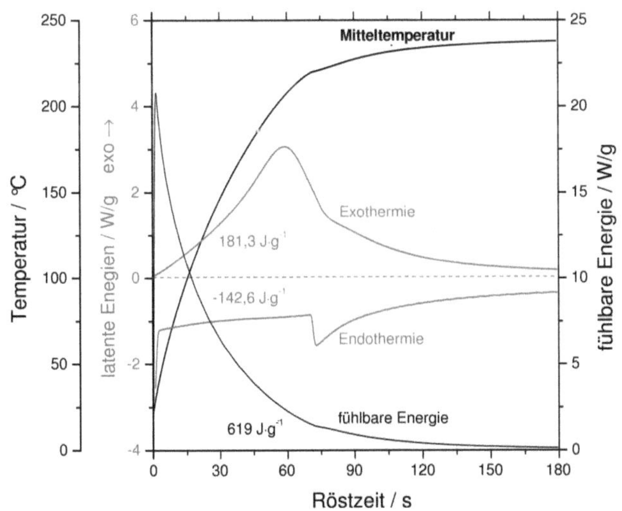

(b) Energieströme

Abbildung 6.7: Berechnung des Verlaufs des konvektiven Röstprozesses einer der Kaffeebohne äquivalenten Kugel, unter Verwendung der Parameter gemäß Tabelle 6.1.

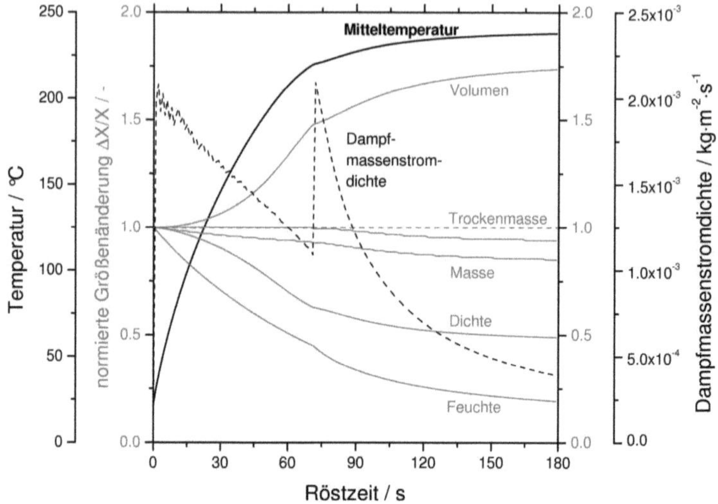

(c) Stofftransport und Materialeigenschaften

Abbildung 6.7: Berechnung des Verlaufs des konvektiven Röstprozesses einer der Kaffeebohne äquivalenten Kugel, unter Verwendung der Parameter gemäß Tabelle 6.1 (Forts.).

Das Modell bietet einen neuen und adäquaten Einblick in die Kaffeebohne, hinsichtlich des Temperaturfelds, und auch bezüglich des Feuchtetransports, der in Abbildung 6.8 (c) dargestellt ist. Darin sind die Dampfmassenstromdichte an der Position der Verdampfungsfront und die Gesamtfeuchte dargestellt, die kontinuierlich abnehmen bis zu der Unstetigkeitsstelle, dem Aufplatzen der Kaffeebohne. Es zeigt sich, dass der Dampfmassenstrom sich in einem Moment schlagartig verdoppelt, zu dem noch etwa 30% der insgesamt verdampfenden Feuchte in der Kaffeebohne vorhanden sind.

Variationsrechnungen

Variationsrechnungen und Sensitivitätsanalysen dienen einerseits dazu, den Einfluss von Prozessparametern auf den Röstprozess der Kaffeebohnen zu ermitteln, sowie andererseits, um die möglichen Auswirkungen nicht hinreichend bekannter stofflicher Eigenschaften einschätzen zu können. Entsprechende Berechnungen wurden für die konvektive Röstung durchgeführt und als Vergleich zu den Ergebnissen der Standard-Röstung dargestellt. In folgender Abbildung 6.9 der Temperaturverläufe wurden die Prozessparameter Temperatur des Heißgases (a) und Relativgeschwindigkeit Bohne/Heißgas (b), sowie hinsichtlich der Materialeigenschaften die anfängliche Größe (c) und Feuchte (d) der Kaffeebohne, die Intensität des "Aufplatzens" (e) sowie die Größenordnung der exothermen Reaktion (f) variiert.

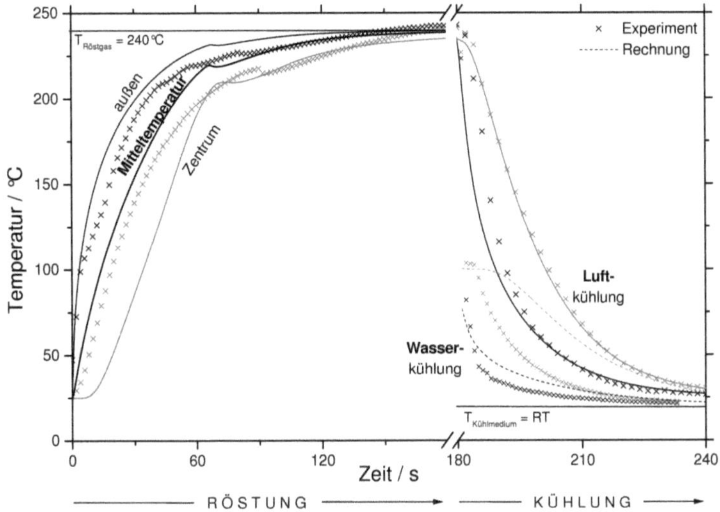

Abbildung 6.8: Vergleich von experimentellem und in einer als Kugel idealisierten Kaffeebohne berechnetem Temperaturverlauf während der konvektiven Röstung und Kühlung.

Die Temperatur des Heißgases (a) hat zwar einen wesentlichen Einfluss auf die Endtemperatur der Kaffeebohne, diese wird bei sonst gleichen Bedingungen jedoch jeweils nach ähnlicher Röstzeit erreicht. Nur der Anfangsphase ergeben sich mit größerer Temperaturdifferenz zwischen Bohne und Heißgas auch größere Temperaturgradienten in der Kaffeebohne, so dass von höherer Gleichmäßigkeit bei niedrigen Rösttemperaturen auszugehen ist. Der Einfluss der Heißgasgeschwindigkeit (b) und somit der Wärme- und Stoffübergangskoeffizienten auf den Temperaturverlauf ist ebenfalls gering. In der Berechnung allein des Temperaturfelds spiegelt sich der Einfluss des für die Qualität als wesentlich erachteten Luftmengenverhältnis somit nicht wieder. Andererseits kommt das Modell mit groben Abschätzungen der Heißgasgeschwindigkeit aus, die für Röstanlagen meist nur ungenau bekannt ist.

Größer ist der Einfluss des Anfangsdurchmessers (c). Große Kaffeebohnen werden langsamer durchgeröstet als kleine, da hier das Verhältnis der wärmeübertragenden Fläche zum Volumen der Kaffeebohne kleiner ist. Mit ansteigendem Bohnendurchmesser ist zudem der Transportweg von der Bohnenoberfläche zum Bohnenzentrum größer, so dass das treibende Gefälle bei ungefähr gleich bleibender absoluter Temperaturdifferenz kleiner wird. Dies hat zur Folge, dass bei größeren Kaffeebohnen mehr Zeit zwischen dem Erreichen einer bestimmten Temperatur an der Bohnenoberfläche und der gleichen Temperatur im Bohnenzentrum vergeht, so dass größere Kaffeebohnen ungleichmäßiger geröstet werden. Der Einfluss der Bohnenfeuchte (d) auf den Temperaturverlauf ist zu Beginn der Röstung gering. Er nimmt aufgrund der

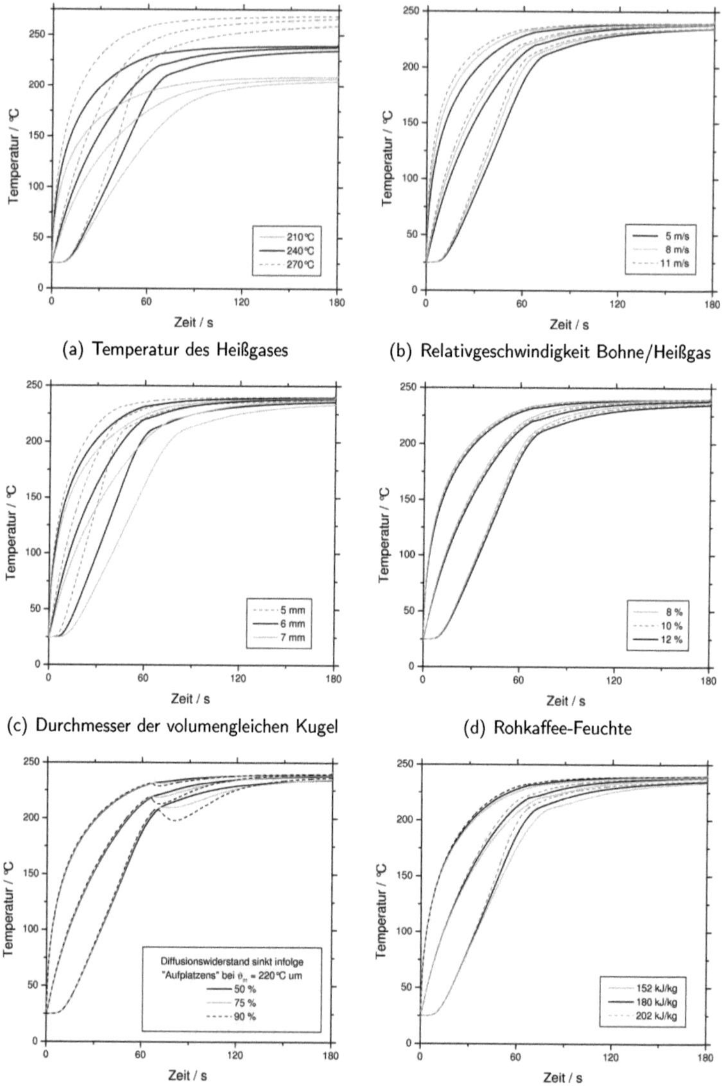

(a) Temperatur des Heißgases

(b) Relativgeschwindigkeit Bohne/Heißgas

(c) Durchmesser der volumengleichen Kugel

(d) Rohkaffee-Feuchte

(e) Intensität des "Aufplatzens"

(f) exotherme Reaktion

Abbildung 6.9: Parameterstudie zur Berechnung des Außen-, Mittel- und Zentrumstemperaturverlaufs in einer der Kaffeebohne äquivalenten Kugel während des konvektiven Röstprozesses, unter Variation jeweils eines einzigen Parameters.

kumulativen Wirkung der Verdampfungswärme im Röstverlauf jedoch zu, insbesondere sobald der sinkende Diffusionswiderstand hohe Verdampfungsraten ermöglicht. Die Bohnenfeuchte beeinflusst dadurch jedoch die Dauer der Röstung. Je höher die besonders in der zweiten Röstphase vorhandene Feuchte, desto länger dauert es bis die Temperatur im Zentrum der Oberflächentemperatur folgt. Besonders deutlich wird dies auch in Abbildung (e), wo in Form des schlagartig abnehmenden Diffusionswiderstands die flash-Verdampfung simuliert wird. Ist der Diffusionswiderstand anfänglich sehr hoch, findet die endotherme Verdampfung großteils erst nach dem Aufplatzen der Kaffeebohne statt, wodurch es zu einem kurzzeitigen Temperatureinbruch im Inneren der Kaffeebohne und zu Erhöhung der Temperaturunterschiede kommen kann. Für den in Abbildung (f) dargestellten Einfluss der Reaktionsenthalpie gilt das Umgekehrte. Die Wärme, die durch die exotherme Reaktion frei wird, beschleunigt die Annäherung der Temperaturen zum Ende der Röstung und vergleichmäßigt so die Röstung.

Zusammenfassend lässt sich sagen, dass die Temperatur des Heißgases einen größeren Einfluss auf das Temperaturfeld der Kaffeebohnen hat als seine Geschwindigkeit. Bezüglich der Materialeigenschaften sind die latenten Energien, nämlich das endotherme Verdampfen und die exothermen Reaktionen, besonders wichtig. Nicht nur ihre Größenordnung, sondern auch ihr Verlauf ist entscheidend und muss hinreichend bekannt sein. Als eine der unsichersten Einflussgrößen ist weiterhin die Größe und Geometrie der Kaffeebohnen zu nennen, die für die Bestimmung des Äquivalenzdurchmessers entscheidend ist. Wie sich der Übergang auf die wahre, halbellipsoidale Geometrie der Kaffeebohne auswirkt, konnte in ergänzenden Rechnungen mit der Methode der finiten Elemente (FEM) abgeschätzt werden.

Ergänzende Rechnungen mit FEM

Ergänzend zu Berechnungen mit oben genanntem Modell wurden mit der Methode der Finiten Elemente Rechnungen durchgeführt, in denen zwar die zuvor beschriebenen veränderlichen Materialeigenschaften, jedoch nicht die Veränderung von Zusammensetzung und Geometrie berücksichtigt werden konnten. Vorteil der Methode der finiten Elemente ist die Freiheit in der Wahl der Geometrie, so dass die Temperaturfeldberechnung hier für einen der Kaffeebohne ähnlichen, halbellipsoidalen, dreidimensionalen Körper durchgeführt werden konnte. Die latenten Energien wurden in einer effektiven, spezifischen Wärmekapazität zusammengefasst, wodurch die einzige Kopplung von Wärme- und Stofftransport besteht. Letzterer bleibt darüber hinaus unberücksichtigt.

Die Realisierung erfolgte mittels des Programms ANSYS. Der Programmcode findet sich im Anhang B.

In Abbildung 6.10 ist die halbellipsoidale Geometrie entlang ihrer Querachsen aufgeschnitten dargestellt, um die zeitlich unterschiedliche Temperaturänderung an der Oberfläche und im Inneren, und besonders den Unterschied zur Kugelgeometrie zu

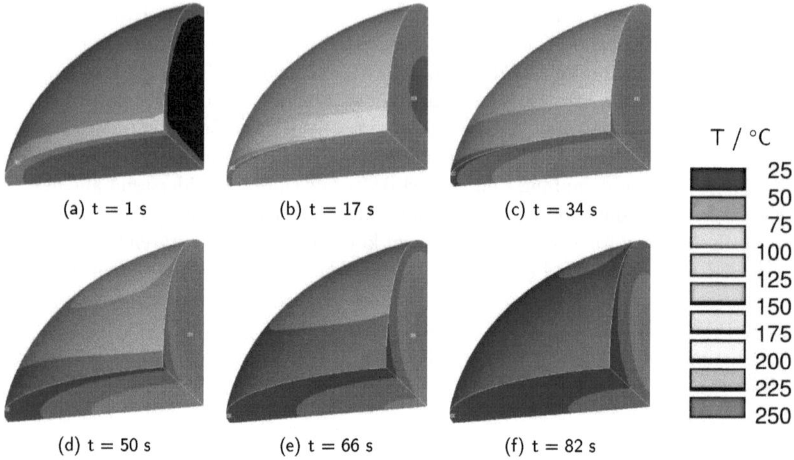

Abbildung 6.10: Berechnetes Temperaturfeld in einer als halbellipsoidales Modell angenäherten Kaffeebohne während der Röstung.

verdeutlichen. Es zeigt sich, dass die Temperaturerhöhung an der Unterkante der Modellgeometrie am stärksten ausgeprägt ist und sich von dort mit der Zeit über die gesamte Oberfläche nach innen fortpflanzt. Die Rechnung lässt erwarten, dass die Temperaturunterschiede zwischen der Oberfläche und dem Inneren einer realen Kaffeebohne, die auch in dieser Rechnung 100 Grad übersteigen, noch größer sind als in dem idealisierten Kugel-Modell.

7. Schlussfolgerung und Ausblick

Die Ergebnisse der vorliegenden Arbeit verbessern das verfahrenstechnische Verständnis des Röst- und Quenchprozesses im allgemeinen. Hinsichtlich der Wärme- und Stofftransportprozesse während Röstung und Quenchkühlung ist eine breite Stoffdatenbasis entstanden, die dem Röstanlagenbau und Röstereien bei der Auslegung von Röstprozessen dient. Ein innovativer Beitrag der erzielten Forschungsergebnisse liegt auch in der möglichen Steuerung der gewünschten Endfeuchte und Feuchteverteilung über die gewählte Temperatur des Wassers im Quenchprozess. Homogen geröstete und wiederbefeuchtete Kaffeebohnen ermöglichen eine Minimierung der Ruhezeit, einen geringeren spezifischen Energieverbrauch im Mahlprozess, und die Optimierung der Korngrößenverteilung bei der Vermahlung, wodurch nachfolgend die Anpassung von Extraktionssystemen an das Produkt erleichtert wird.

Insbesondere wurden die erforderlichen Grundlagen für die Berechnung des Wärmetransports und des Temperaturfelds in Kaffeebohnen während Röstung und Quenchkühlung geschaffen. Diese ermöglicht erstens Schritte zur Prozessoptimierung, wie der Verkürzung der Röstzeit oder der gezielten Regelung der Heißgastemperatur, sowie zweitens zur Optimierung der Produktqualität hin zu homogen gerösteten und wiederbefeuchteten Kaffeebohnen.

7.1 Berechnung innovativer Röstverfahren

Die Temperaturfeldberechnung soll auf zwei innovative Röstverfahren angewendet werden, von denen der erste auf die Reduzierung des Energieeinsatzes, und der zweite auf die Vergleichmäßigung des Temperaturfelds in den Kaffeebohnen zielt. Anhand dieser Beispiele soll gezeigt werden, dass das vorliegende Rechenmodell in den Grenzen seiner Validität geeignet ist, unkonventionelle Röstmethoden in die Randbedingungen zu integrieren, um über die Röstergebnisse bestimmte Aussagen machen zu können. Sie bedürfen zwar der Überprüfung im Experiment, jedoch ist das Modell geeignet, die sonst erforderlichen, umfangreichen industriellen Testreihen zu minimieren und die Röstparameter durch Vorausberechnung optimal einzugrenzen.

Röstung mit Produkt-Vorwärmung

Eine vom Röstanlagenbau zunehmend realisierte Möglichkeit, den Primär-Energieeinsatz für die Kaffeeröstung zu senken besteht in der Vorwärmung des Rohkaffees. Dazu wird der Röstanlage ein Behälter zugefügt, in dem der ruhende oder durchmischte Rohkaffee von Warmluft durchströmt wird. Man spricht von direkter Wärmeübertragung, wenn der Luftstrom direkt aus der katalytisch gereinigten Röstabgas entnommen wird, beziehungsweise indirekter Wärmeübertragung, wenn die Wärme

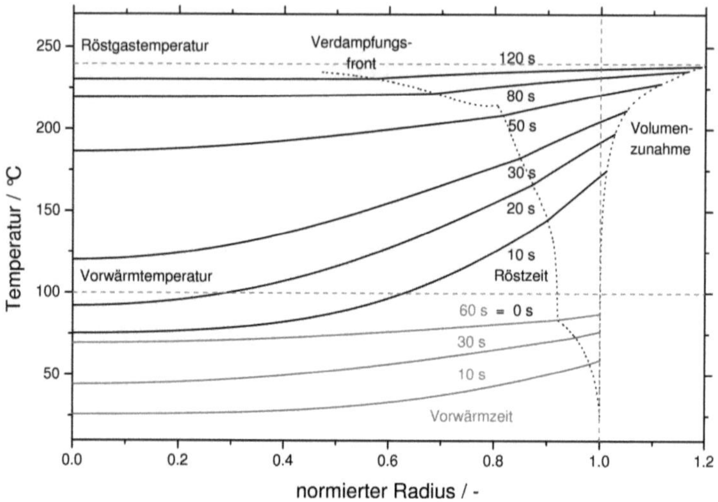

Abbildung 7.1: Berechnetes Temperaturfeld in einer als Kugel idealisierten Kaffeebohne während der konvektiven Röstung mit Rohkaffee-Vorwärmung.

der Röstabgase zuvor an einen Frischluftstrom übertragen wurde, der dann in Kontakt mit dem Rohkaffee kommt.

In der Berechnung des Temperaturfelds wurden als Prozessparameter der Rohkaffeevorwärmung eine einminütige, konvektive Wärmeübertragung mit einer Gastemperatur 100 °C und der Relativgeschwindigkeit 5 $\frac{m}{s}$ angenommen. Die Kaffeebohne erreicht dadurch eine Mitteltemperatur von 78 °C mit 87 °C an der Oberfläche und 70 °C im Zentrum. Die Produktfeuchte reduziert sich um ca. 20%. Die Ergebnisse der anschließenden Röstung sind denen der Standardröstung in Tabelle 7.1 gegenübergestellt. Dabei wurde als Röstende beider Prozesse eine Mitteltemperatur von 235 °C angenommen. Es zeigt sich, dass durch diese Art von Vorwärmung eine Verkürzung der reinen Röstzeit und damit eine Erhöhung der Anlagenkapazität um 10%, sowie eine Reduktion der zugeführten Energie um 35% erreicht wird. Die während der Röstung auftretenden Temperaturgradienten sind dabei geringer und die Gleichmäßigkeit der Durchröstung potentiell erhöht.

Röstung mit Zwischenkühlung

Eine weitere Möglichkeit, die Temperaturgradienten in der Kaffeebohne auszugleichen besteht in der Zwischenkühlung mit Wasser, die sich hauptsächlich an der Oberfläche der Kaffeebohnen auswirkt. In der Modellrechnung wurde davon ausgegangen, dass nach jeweils 40 Sekunden eine Zwischenkühlung erfolgt. Angenommen wurde

Tabelle 7.1: Gegenüberstellung von Ergebnissen der Berechnung verschiedener Röstprozesse.

Parameter	Einheit	Röstung: Standard	Röstung: nach Vorwärmung	Röstung: mit Zwischenkühlung
Mitteltemperatur Röstende	°C	235	235	235
Maximaler Temperaturunterschied Oberfläche – Zentrum	K	126	106	126
Mittlerer Temperaturunterschied Oberfläche – Zentrum	K	55,3	45,5	49,4
Röstzeit	s	128	115	159
Endothermie	$\frac{kJ}{kg}$	-122	-102	-139
Exothermie	$\frac{kJ}{kg}$	167	166	252
Energiebedarf	$\frac{kJ}{kg}$	516	332	716

ferner, dass wie bei der finalen Quenchkühlung das Wasser auch an inneren Oberflächen eine Kühlwirkung erzielt und jedem Volumenelement an seiner Oberfläche die entsprechende Verdampfungswärme entzogen wird. Zu einer Befeuchtung der Kaffeematrix soll es dabei jedoch nicht kommen. Bezogen auf die Masse der grünen Bohne werden jeweils 3% Wasser innerhalb von drei Sekunden aufgegeben, zu dessen vollständiger Verdampfung 68 $\frac{kJ}{kg}$ aufzuwenden sind, wodurch die Mitteltemperatur der Kaffeebohne um etwa 35 K sinkt.

Die größte Wirkung hat die Zwischenkühlung an der Oberfläche, wodurch der Temperaturgradient in der Kaffeebohne wiederholt reduziert oder sogar umgekehrt wird. Der mittlere Temperaturunterschied zwischen Oberfläche und Zentrum fällt folglich geringer aus als bei der Standardröstung, und die Zwischenkühlung kann zu einer homogeneren Röstung der Kaffeebohne führen. Die Temperatur der Kaffeebohne wird zwar wiederholt abgesenkt, bleibt aber letztlich länger auf einem insgesamt hohen Niveau, so dass bis zum Erreichen der definierten Endtemperatur von 235 °C die Beträge der latenten Energien, und somit der Röstgrad höher ausfallen. Es ist daher durchaus möglich, dass trotz der Zwischenkühlungen die Röstzeit nicht um 24% auf die in Tabelle 7.1 angegebenen 159 s verlängert werden muss, sondern vielmehr beibehalten werden kann, um den gleichen Röstgrad zu erzielen. Die für die Verdampfung erforderliche Energie muss nachgeliefert werden, so dass der Energiebedarf bei gleicher Röstzeit 28%, und bei gleicher Endtemperatur um die den Tabellendaten zu entnehmenden 37% höher ausfällt.

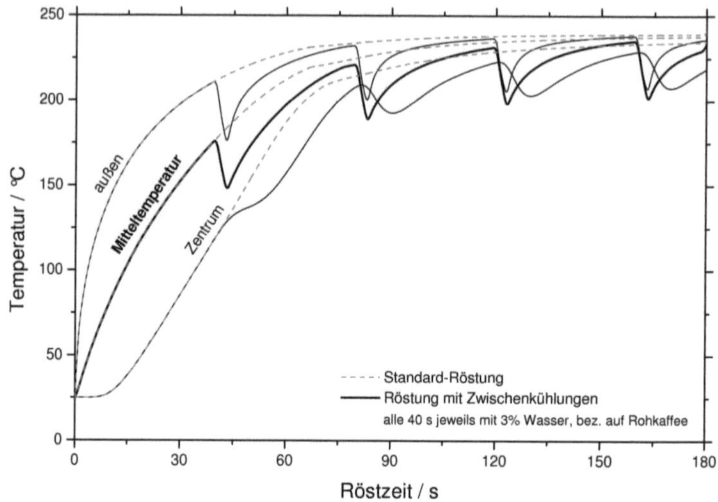

Abbildung 7.2: Berechneter Temperaturverlauf in einer als Kugel idealisierten Kaffeebohne während der konvektiven Röstung mit Quench-Zwischenkühlungen.

7.2 Gezielte Anreicherung von Kaffee-Inhaltsstoffen

Die Verarbeitung der grünen Kaffeebohnen zu Röstkaffee hat vor allem während der Röstung eine wesentliche Änderung der Produktzusammensetzung zur Folge. Es ist wahrscheinlich, dass die zeitlichen Temperaturprofile an jedem einzelnen Punkt des Bohneninneren einen wesentlichen Einfluss auf die Aromabildung und den Geschmack des Produktes haben. Genaue Kenntnisse über die Temperaturverteilung und den Wärmetransport innerhalb der Bohne ermöglichen daher über gezielte Einflussgrößenveränderung eine erheblich bessere Steuerung des Röstprozesses hinsichtlich der Aromabildung und damit der Produktqualität. Dies kommt dem Premiumsektor, aber auch Herstellern von Markenprodukten zugute, da es die Flexibilität bei der Auswahl und Verwendung der Rohkaffees erhöhen kann.

Aufgrund der Stoffumwandlungen ändern sich auch die gesundheitsförderlichen und pathogenen Eigenschaften des Kaffees. Es ist inzwischen unstrittig, dass der regelmäßige Konsum von Kaffee einen breitgefächerten, eher positiven Einfluss auf die Gesundheit hat [Dor05]. Hinsichtlich gesundheitsförderlicher Eigenschaften wird besonders den Antioxidantien eine große Bedeutung zugemessen. Kaffee ist ein Getränk mit höchster antioxidativer Aktivität, die der von Zitronensaft oder schwarzem Tee mehrfach überlegen ist [Pel03]. Bei durchschnittlichem Konsum ist Kaffee damit eine der wichtigsten Quellen für Antioxidantien und kann zu bis zu 2/3 ihrer täglichen Gesamtaufnahme darstellen [Svi04]. Von besonderem Interesse ist daher die Möglichkeit, bei der Kaffee-Verarbeitung einen Einfluss auf dessen antioxidative Wirksamkeit zu nehmen. Einige Patente beschreiben in diesem Zusammenhang besondere Blending- [Pat04] oder Quenchverfahren [Pat05, Pat03], jedoch ist es besonders die Röstung, die zu einer 40%-igen Erhöhung der antioxidativen Eigenschaft von Kaffee führen kann [Zap05]. Es ist bereits bekannt, dass diese nicht linear vom Röstgrad abhängig ist. Das Kaffeegetränk aus medium geröstetem Kaffee zeigt insofern die höchste Wirkung [Nic97], während schwach gerösteter Kaffee noch eine höhere entsprechende Aktivität als dunkel gerösteter Kaffee [Cio05] aufweist. Grundsätzlich ist diesbezüglich bei der Röstung von Kaffeebohnen mit einer Veränderung durch Überlagerung von Vorgängen zu rechnen, die einen Verlust natürlicher Antioxidantien wie der Chlorogensäure [Som03] und die Bildung von Prooxidantien einerseits, aber auch die Steigerung der antioxidativen Aktivität natürlicher Antioxidantien wie der Polyphenole und die Bildung antioxidativ wirksamer Maillard-Reaktionsprodukte [Cas05] zur Folge haben.

Voraussetzung für die Optimierung des Röstprozesses in diesem Sinne ist jedoch zunächst die Identifikation, sowie die Aufklärung der Reaktionskinetiken der Entstehung jeweiliger Inhaltsstoffe in Abhängigkeit von Temperatur und Temperaturänderungsraten. Sind diese bekannt, können die Ergebnisse der vorliegenden Arbeit dazu beitragen Röstprozesse zu entwerfen, die aufgrund gezielter Beeinflussung der Reaktionsbedingungen, insbesondere des Temperaturfelds in den Kaffeebohnen, die gewünschte Entwicklung solcher Inhaltsstoffe begünstigen.

A. Programm zur Berechnung des Temperaturfelds, FDM

```
#include<stdio.h>
#include<math.h>
#include<stdlib.h>
#include<strings.h>
#include<stddef.h>
#include<sys/stat.h>

main()
{
/*-------------------------------------------------------------------------------------------*/
/*******************************************************************************************/
/* Programm zur Berechnung des instationären Temperaturfeldes der einer                      */
/* Kaffeebohne volumengleichen Kugel während Röstung und Quenchen                            */
/*******************************************************************************************/
/*-------------------------------------------------------------------------------------------*/
/* Definition der Konstanten und Variablen                                                   */
/*-------------------------------------------------------------------------------------------*/
/* Zähler -----------------------------------------------------------------------------------*/
    int i;                          /*           Ortsdiskretisierung                         */
    int i_max=100;                  /*           Gesamtzahl der Ortsschritte                 */
    int ii;                         /*           Ort des Trockenspiegels                     */
    int k;                          /*           zeitl. Diskretisierung                      */
    int k_max;                      /*           Gesamtzahl der Zeitschritte                 */
    int j;                          /*           Iterationszähler                            */
    int jj;                         /*           Sprung, "Aufplatzen"                        */
    int kond[i_max+1]               /*           Kondensation                                */
    int ceill;                      /*           aufrunden                                   */
    int floorr;                     /*           abrunden                                    */
    int feld=0;                     /*           Wahl der Form der Datenausgabe              */
    int zk;                         /*           Anzahl Zwischenkühlungen                    */
    int zkmax;                      /*           Gesamtzahl Zwischenkühlungen                */
/* Geometrie --------------------------------------------------------------------------------*/
    float R_max0=6.45/2.0/1000.0;   /* [m]       Anfangsradius                               */
    float R_max;                    /* [m]       Radius                                      */
    float r_norm[i_max+1];          /* [-]       normierter Radius                           */
    float dr_norm;                  /* [-]       normiertes delta r                          */
    double rr;                      /* [m]       Radius für Randbedingung 3. Art             */
    double r_tr;                    /* [m]       Aktuelle Position des Trockenspiegels       */
    float pi=3.141592654;           /* [-]                                                   */
/* Zeitvariable -----------------------------------------------------------------------------*/
    float t;                        /* [s]       Zeit                                        */
    float t_max=240.0;              /* [s]       Gesamtzeit                                  */
    float dt=0.001;                 /* [s]       Zeitschritt delta t                         */
    float dt_stab;                  /* [s]       Maximaler stabiler Zeitschritt              */
    float ts;                       /* [1/s]     Zeitschritte pro Sekunde                    */
    double rest;                    /* [-]       Hilsvariable                                */
    float t_vw=0.0;                 /* [s]       Vorwärmzeit                                 */
    float t_r=180.0;                /* [s]       Röstzeit                                    */
    float t_zkint=40.0;             /* [s]       Zwischenkühlungsintervall                   */
    float t_zk=0.0;                 /* [s]       Zwischenkühlungsdauer                       */
    float t_wq=0.0;                 /* [s]       Wasseraufgabezeit Quenchen                  */
/* Stoffdaten -------------------------------------------------------------------------------*/
    float lambda_k[i_max+1];        /* [W/m/K]   Wärmeleitfähigkeit                          */
    float k_lambda=1.0;             /* [-]       Multiplikator der Wärmeleitf.funktion       */
    float cp[i_max+1];              /* [J/kg/K]  örtliche  Wärmekapazität                    */
    float cp_tr=2300.0;             /* [J/kg/K]  Wärmekapazität der trockenen Matrix         */
    float a;                        /* [m2/s]    Temperaturleitfähigkeit                     */
/* Masse ------------------------------------------------------------------------------------*/
    float m_0;                      /* [kg]      Anfangsmasse                                */
```

```
    double m_k;                     /* [kg]       Gasamtmasse                                  */
    float m_verl;                   /* [kg/m3]    kumul volumenbez. Masseverlust               */
    float rho_0=1190.0;             /* [kg/m3]    Anfangsdichte                                */
    double rho_k;                   /* [kg/m3]    mittlere Dichte                              */
    float m_zk=0.03;                /* [kg/kg]    relative Wassermenge Zwischenkühlung         */
    float m_wq=0.1;                 /* [kg/kg]    relative Wassermenge Quenchen                */
/* Temperaturberechnung ------------------------------------------------------------------*/
    double D[i_max+1];              /* [-]        Differentialoperator                         */
    double theta_0=25.0;            /* [°C]       Anfangstemperatur                            */
    double theta_k[i_max+1];        /* [°C]       Temperatur                                   */
    double theta_kneu[i_max+1];     /* [°C]       Temperatur in k+1                            */
    double theta_km;                /* [°C]       Mitteltemperatur                             */
    double theta_tr;                /* [°C]       Temperatur am Trockenspiegel                 */
    double theta_lat;               /* [°C]       Hilfsvariable                                */
    float theta_g;                  /* [°C]       Gastemperatur                                */
    float theta_vw=100.0;           /* [°C]       Vorwärmtemperatur                            */
    float theta_r=240.0;            /* [°C]       Röstgastemperatur                            */
    float theta_ql=20.0;            /* [°C]       Kühllufttemperatur                           */
    void exit();                    /*            Abbruch bei Instabilität                     */
/* Wärme- und Stoffübergang --------------------------------------------------------------*/
    float Pr;                       /* [-]        Prandtlzahl Luft                             */
    float Sc;                       /* [-]        Schmidtzahl                                  */
    float nue;                      /* [m2/s]     Viskosität Luft                              */
    float lambda_L;                 /* [W/m/K]    Wärmeleitfähigkeit Luft                      */
    float Diff=7.337E-5;            /* [m2/s]     Diffusion Wasserdampf in Luft (250°C)        */
    float Re;                       /* [-]        Reynoldszahl                                 */
    float Nu;                       /* [-]        Nusseltzahl                                  */
    float Nu_lam;                   /* [-]        Nusseltzahl laminare Umströmung              */
    float Nu_turb;                  /* [-]        Nusseltzahl turbulente Umströmung            */
    float Sh;                       /* [-]        Sherwoodzahl                                 */
    float Sh_lam;                   /* [-]        Sherwoodzahl laminare Umströmung             */
    float Sh_turb;                  /* [-]        Sherwoodzahl turbulente Umströmung           */
    float Gr;                       /* [-]        Grashofzahl                                  */
    float Ra;                       /* [-]        Raleighzahl Wärmeübergang                    */
    float Ra_m;                     /* [-]        Raleighzahl Stoffübergang                    */
    float u;                        /* [m/s]      Relativgeschwindigkeit Bohne/Gas             */
    float u_R=5.0;                  /* [m/s]      Relativgeschwindigkeit Bohne/Gas Röstg.      */
    float u_ql=8.0;                 /* [m/s]      Relativgeschwindigkeit Bohne/Gas Kühlg.      */
    float alpha;                    /* [W/m2/K]   Wärmeübergangskoeffizient                    */
    float alpha_Str;                /* [W/m2/K]   Wärmeübergangskoeffizient Strahlung          */
    float alpha_frei;               /* [W/m2/K]   Wärmeübergangskoeffizient freie Konv.        */
    float alpha_wqi[i_max+1];       /* [W/m2/K]   WÜK innen, Quenchen mit Wasser               */
/* Stofftransportmodell ------------------------------------------------------------------*/
    float w;                        /* [-]        Feuchte, Massenbruch                         */
    float w_0=0.12;                 /* [-]        Anfangsfeuchte                               */
    float w_E=0.015;                /* [-]        Endfeuchte                                   */
    float w_wq=0.02;                /* [-]        Feuchte nach Quenchen mit Wasser             */
    float X_0;                      /* [kg/kg]    Feuchtebeladung zu Beginn                    */
    float X_wq;                     /* [kg/kg]    Feuchtebeladung                              */
    float x_g=0.0;                  /* [mol/mol]  Dampfmolenbruch Umgebung                     */
    float x_tr;                     /* [mol/mol]  Gleichgewichtsdampfmolenbruch Trsp.          */
    float D_wd;                     /* [m2/s]     Diffusionskoeffizient Dampf in Luft          */
    float D_eff;                    /* [m2/s]     effektiver Diffusionskoeffizient             */
    float mue;                      /* [-]        Diffusionswiderstandsfaktor                  */
    float p_ges;                    /* [Pa]       Gesamtdruck Trockenspiegel                   */
    float p_g=100000.0;             /* [Pa]       Umgebungsdruck                               */
    float p_sat_tr;                 /* [Pa]       Sattdampfdruck Trockenspiegel                */
    float p_10;                     /* [Pa]       Anfangspartialdruck Pore                     */
    float p_1;                      /* [Pa]       Partialdruck Pore                            */
    float beta;                     /* [m/s]      Stoffübergangskoeffizient                    */
    float beta_i;                   /* [m/s]      innerer Transportkoeffizient                 */
    float rho_1;                    /* [kg/mol]   molare Dichte feuchten Luft                  */
    float phi_alt;                  /* [-]        relative Feuchte Trocknungsspiegel           */
    float phi_neu;                  /* [-]        relative Feuchte Trocknungsspiegel           */
    float phi_tr;                   /* [-]        relative Feuchte Trocknungsspiegel           */
    double m_wd;                    /* [kg/m2/s]  Massenstromdichte Wasserdampf                */
    float M_f0;                     /* [kg]       Feuchtemasse zu Beginn                       */
    double M_f;                     /* [kg]       Feuchtemasse                                 */
```

```
    float M_tr0;                    /* [kg]     Trockenmasse zu Beginn                           */
    float M_tr;                     /* [kg]     Trockenmasse                                     */
    float orgRV;                    /* [-]      organischer Röstverlust                          */
    float GABwm;                    /* [g/100g] GAB Monlayer                                     */
    float GABc;                     /* [-]      GAB Parameter                                    */
    float GABk;                     /* [-]      GAB Parameter                                    */
    float R_gas=8.314;              /* [J/mol/K] universelle Gaskonstante                        */
/* Latente Energien ------------------------------------------------------------------------*/
    double W_verd[i_max+1];         /* [W/m3]   Wärmesenke Verdampfung                           */
    double W_reakt[i_max+1];        /* [W/m3]   Wärmequelle Reaktion                             */
    double W_zk[i_max+1];           /* [W/m3]   Wärmesenke Zwischenkühlung                       */
    double W_quench[i_max+1];       /* [W/m3]   Wärmesenke Quenchen                              */
    double W_tot[i_max+1];          /* [W/m3]   gesamt                                           */
    float RW=240000.0;              /* [J/kg]   Reaktionsenthalpie                               */
    float h_verd[i_max+1];          /* [J/kg]   Verdampfungsenthalpie in i                       */
    float h_reakt[i_max+1];         /* [J/kg]   Reaktionsenthalpie in i                          */
    float h_zk[i_max+1];            /* [J/kg]   Wärmesenke in i Zwischenkühlung                  */
    float h_quench[i_max+1];        /* [J/kg]   Wärmesenke Quenchen in i                         */
    float h_kond[i_max+1];          /* [J/kg]   Kondensationswärme infolge Quenchens             */
    float h_verdges;                /* [J/kg]   Gesamte Verdampfungsenthalpie                    */
    float h_reaktges;               /* [J/kg]   Gesamte Reaktionsenthalpie                       */
    float h_zkges;                  /* [J/kg]   Gesamte Wärmesenke Zwischenkühlung               */
    float h_quenchges;              /* [J/kg]   Gesamte Wärmesenke Quenchen                      */
    float h_kondges;                /* [J/kg]   Gesamte Kondensationswärme infolge Quenchens     */
    double Q;                       /* [J]      gesamt übertragene Wärmemenge                    */
    float K5=2.9;                   /* [-]      Reaktionskinetik-Konstante                       */
    float K6=3.27E-3;               /* [-]      Reaktionskinetik-Konstante                       */
    float K7=27.92;                 /* [-]      Reaktionskinetik-Konstante                       */
/*-----------------------------------------------------------------------------------------*/
/* Anfangsbedingungen                                                                      */
/*-----------------------------------------------------------------------------------------*/
    R_max=R_max0;
    r_tr=R_max0;
    dr_norm=1.0/i_max;
    ii=i_max;
    jj=0;
    ts=1.0/dt;
    k_max=t_max/dt;
    w_0=w_0-w_E;
    X_0=(w_0+w_E)/(1 w_0-w_E);
    X_wq=w_wq/(1.0-w_wq);
    m_0=rho_0* 4.0*pi/3.0*pow(R_max0,3.0);
    m_k=m_0;
    M_tr0=m_0*(1.0-w_0);
    M_tr=M_tr0;
    M_f0=m_0*w_0;
    M_f=M_f0;
    rho_k=rho_0;
    theta_tr=theta_0;
    for (i=0;i<=i_max;i++)
    {
        theta_k[i]=theta_0;
        cp[i]=(w_0+w_E)*4180.0 + (1.0-(w_0+w_E))*cp_tr;
        r_norm[i]=i*dr_norm;
        h_verd[i]=0.0;
        h_reakt[i]=0.0;
        h_zk[i]=0.0;
        h_quench[i]=0.0;
        h_kond[i]=0.0;
        kond[i]=0;
    }
    Q=0.0;
    zk=-1;
    zkmax=floor((t_vw+t_r)/t_zkint);
    p_ges=p_g;
    p_l0=p_g-1000.0*pow(10.0, (7.19621-1730.63/(233.426+theta_0)));
    GABwm=4.824;
    GABc=24.391;
```

```
    GABk=0.917;
    phi_neu=0.1;
    do
    {
        phi_alt=phi_neu;
        phi_neu=1.0/k+GABwm*GABc*phi_alt/(100.0*X_0*(1.0-GABk*phi_alt+GABc*GABk*phi_alt));
        if(phi_neu>=1.0)
        {
            phi_neu=1.0;
            goto Abbruch1;
        }
    }
    while(fabs(phi_neu-phi_alt)>0.0001);
 Abbruch1:
    phi_tr=phi_neu;
    if (feld!=1)
    {
        printf("\nZeit              theta_i           theta_a          theta_km");
    }
/*-----------------------------------------------------------------------------------------------*/
/* Veränderliche Materialeigenschaften                                                           */
/*-----------------------------------------------------------------------------------------------*/
    for (k=0;k<=k_max;k++)
    {
        t=k*dt;
        rest=fmod(t,t_zkint);
        if (rest>=0 && rest<dt/t_zkint)
            zk=zk+1;
        if (t<=t_vw)
            theta_g=theta_vw;
        else if (t>=(t_vw+t_r))
            theta_g=theta_ql;
        else
            theta_g=theta_r;
        Pr=(0.7076-0.719)/(250.0-20.0)*(theta_g-20.0)+0.719;
        nue=(423.25E-7-124.6E-7)/(250.0-20.0)*(theta_g-20.0)+124.6E-7;
        lambda_L=(41.02E-3-25.3E-3)/(250.0-20.0)*(theta_g-20.0)+25.3E-3;
        Sc=nue/Diff;
/* Berechnung der Mitteltemperatur                                                               */
        theta_km=0;
        for (i=1;i<=i_max;i++)
        {
            theta_km=theta_km+(theta_k[i]-theta_g)/(theta_0-theta_g)*pow((i*dr_norm),2.0)*dr_norm;
        }
        theta_km=theta_km*3.0;
        theta_km=theta_km*(theta_0-theta_g)+theta_g;
/* Berechnung des veränderlichen Stofftransportwiderstands                                       */
/*      1. stetig in Abhängigkeit der Dichte abnehmend                                           */
/*      mue=1.0/(1.0-0.9*rho_k/rho_0);                                                           */
/*      2. schlagartig abnehmend infolge "Aufplatzens" bei 220°C Mitteltemperatur                */
        mue=10.0;
        if(theta_km>=220.0)
            jj=jj+1;
        if(jj==0)
            mue=20.0;
/* Berechnung der veränderlichen Masse                                                           */
        if (theta_km>theta_0&&theta_g>220.0&&t<(t_vw+t_r))
        {
            m_k=m_0/(1.0-0.0000062148*exp((theta_g-220.0)/7.8573))*(1.0-0.0000062148*exp((theta_g-
            220.0)/7.8573)*pow((theta_km-theta_0),(0.01112*exp(-(theta_g-220.0)/38.41133)*(theta_km-
            theta_0))));
        }
        if (m_k>(m_0-(M_f0-M_f)))
        {
            m_k=m_0-(M_f0-M_f);
        }
/* Berechnung der veränderlichen Materialeigenschaften                                           */
        if (theta_km>theta_0&&theta_g>220.0&&t<(t_vw+t_r))
```

```
        {
            rho_k=rho_0/(1.0-0.0257)*(1.0-0.0257*pow((theta_km-theta_0),((0.00558-0.00001225*theta_g)*
            (theta_km-theta_0))));
        }
        if (rho_k>(m_k/(4.0/3.0*pi*pow(R_max,3.0))))
        {
            rho_k=m_k/(4.0/3.0*pi*pow(R_max,3.0));
        }
        for (i=0;i<=i_max;i++)
        {
            lambda_k[i]=0.1+0.083*exp(-(theta_k[i]-theta_0)/83.894);
            if(i<=ii)
                cp[i]=(w_0+w_E)*4180.0 + (1.0-(w_0+w_E))*cp_tr;
            else
                cp[i]=(w_E)*4180.0 + (1.0-w_E)*cp_tr;
        }
/* Berechnung des organischen Röstverlusts                                                      */
        w=M_f/m_k;
        orgRV=1.0-(m_k-M_f)/(m_0-M_f0);
        M_tr=M_tr0*(1.0-orgRV);
/* Berechnung des neuen Radius                                                                  */
        m_verl=(m_0 - m_k)/(4.0*pi/3.0*pow(R_max0,3.0));
        if (t<t_vw+t_r)
            R_max=R_max0 * pow((rho_0-m_verl)/rho_k,1.0/3.0);
/* Berechnung der gesamt latenten Energien                                                      */
        h_reaktges=0.0;
        h_verdges=0.0;
        h_zkges=0.0;
        h_quenchges=0.0;
        h_kondges=0.0;
        for (i=1;i<=i_max;i++)
        {
            h_reaktges=h_reaktges+h_reakt[i]/i_max;
            h_verdges=h_verdges+h_verd[i]/i_max;
            h_zkges=h_zkges+h_zk[i]/i_max;
            h_quenchges=h_quenchges+h_quench[i]/i_max;
            h_kondges=h_kondges+h_kond[i]/i_max;
        ]
/* Berechnung der GAB-Isotherme in Abhängigkeit des Masseverlust                                */
        GABwm=3.52+1.28*exp(-orgRV/0.00756);
        GABc=3.16+20.84*exp(-orgRV/0.01953);
        GABk=0.976+0.057*exp(-orgRV/0.00023);
/*---------------------------------------------------------------------------------------------*/
/* Abschätzung der Wärme-und Stofftransportkoeffizienten                                        */
/*---------------------------------------------------------------------------------------------*/
        if (t<=(t_vw+t_r))
            u=u_R;
        else
            u=u_ql;
        alpha_Str=1.0*5.67051E-8*(pow((273.15+theta_g),2.0)+pow((273.15+theta_k[i_max]),2.0))*(273.15*
        2.0+theta_g+theta_k[i_max]);
        Re=u*2.0*R_max/nue;
        Nu_lam=0.664*pow(Re,0.5)*pow(Pr,1/3);
        Nu_turb=0.037*pow(Re,0.8)*Pr/(1.0+2.443*pow(Re,-0.1)*(pow(Pr,2/3)-1.0));
        Nu=2.0+pow((pow(Nu_lam,2.0)+pow(Nu_turb,2.0)),0.5);
        alpha=Nu*lambda_L/2.0/R_max;
        alpha=alpha+alpha_Str;
        for(i=0;i<=i_max;i++)
        {
            if (t>t_vw+t_r && t<=t_vw+t_r+t_wq && theta_k[i]>=100.0)
                alpha_wqi[i]=(4E4-alpha)/140.0*(theta_k[i]-100.0)+alpha;
            else
                alpha_wqi[i]=0;
        }
        Sh_lam=0.664*pow(Re,0.5)*pow(Sc,1/3);
        Sh_turb=0.037*pow(Re,0.8)*Sc/(1.0+2.443*pow(Re,-0.1)*(pow(Sc,2/3)-1.0));
        Sh=2.0+pow((pow(Sh_lam,2.0)+pow(Sh_turb,2.0)),0.5);
        beta=Sh*Diff/2.0/R_max;
```

```
/*-----------------------------------------------------------------------------------------------*/
/* Stabilität der Rechnung                                                                        */
/*-----------------------------------------------------------------------------------------------*/
        a=lambda_k[i_max]/rho_k/cp[i_max];
        dt_stab = pow((dr_norm*R_max),2.0)/2.0/a;
        if (dt>=dt_stab)
        {
            printf("\n Stabilität der Rechnung erfordert kleineren Zeitschritt\n");
            exit(1);
        }
/*-----------------------------------------------------------------------------------------------*/
/* Datenausgabe Temperaturverlauf                                                                 */
/*-----------------------------------------------------------------------------------------------*/
        if (feld!=1)
        {
            rest=fmod(k,ts);
            if (rest>=0.0 && rest<0.1)
            {
                printf("\n%15f \%15f \%15f \%15f",t,theta_k[0],theta_k[i_max],theta_km);
            }
        }
        else
        {
/*-----------------------------------------------------------------------------------------------*/
/* Datenausgabe Temperaturfeld                                                                    */
/*-----------------------------------------------------------------------------------------------*/
            rest=fmod(k,10*ts);
            if (rest>=0.0 && rest<0.1)
            {
                printf("\n\n%f \%15f \%15f\n",t,R_max,r_tr);
                for (i=0;i<=i_max;i++)
                {
                    printf("\n%d \%15f",i,theta_k[i]);
                }
            }
        }
/*-----------------------------------------------------------------------------------------------*/
/* Stofftransport                                                                                 */
/*-----------------------------------------------------------------------------------------------*/
/* Berechnung der mittleren Temperatur zwischen Rand und Trockenspiegel                           */
        theta_km=0;
        for (i=ii;i<=i_max;i++)
        {
            theta_km=theta_km+(theta_k[i]-theta_g)/(theta_0-theta_g)*pow((i*dr_norm),2.0)*dr_norm;
        }
        theta_km=theta_km*3.0;
        theta_km=theta_km*(theta_0-theta_g)+theta_g;
/* Berechnung des Dampfdiffusionskoeffizienten in Luft nach Schirmer                              */
        D_wd=2.263*0.00001/(p_ges/100000.0)*pow((theta_km+273.15)/273.15, 1.81);
        D_wd=D_wd/mue;
/* Berechnung des effektiven Diffusionskoeffizienten                                              */
        D_eff=D_wd;
/* Berechnung des inneren Transportkoeffizienten                                                  */
        beta_i=D_eff/R_max/(R_max/r_tr-1.0);
/* Berechnung des Dampfdruckes und des Luftpartialdruckes                                         */
        p_sat_tr=1000.0*pow(10.0, (7.19621-1730.63/(233.426+theta_tr)));
        p_l=p_l0*(theta_tr+273.15)/(theta_0+273.15);
/* Berechnung der temperaturabhängigen GAB-Parameter                                              */
        GABwm=GABwm*0.194*exp(4024.3/(R_gas*(theta_tr+273.15)));
        GABc=GABc*15.196*exp(-6674.8/(R_gas*(theta_tr+273.15)));
        GABk=GABk*1.128*exp(-296.2/(R_gas*(theta_tr+273.15)));
/* Berechnung der relativen Feuchte am Trockenspiegel                                             */
        phi_neu=0.1;
        do
        {
            phi_alt=phi_neu;
            phi_neu=1.0/k+GABwm*GABc*phi_alt/(100.0*X_0*(1.0-GABk*phi_alt+GABc*GABk*phi_alt));
            if(phi_neu>=1.0)
```

```
        {
            phi_neu=1.0;
            goto Abbruch2;
        }
    }
    while(fabs(phi_neu-phi_alt)>0.0001);
  Abbruch2:
    phi_tr=phi_neu;
/* Berechnung des Gesamtdrucks und des Dampfmassenstroms                    */
    p_ges=(p_l+phi_tr*p_sat_tr);
    rho_l=p_ges/8.314/(theta_tr+273.15);
    x_tr=phi_tr*p_sat_tr/p_ges;
    m_wd=0.018*rho_l/(1.0/beta+1.0/beta_i)*log((1.0-x_g)/(1.0-x_tr));
/* Berechnung der neuen Position des Trockenspiegels                         */
    M_f=M_f-m_wd*4.0*pi*pow(r_tr,2.0)*dt;
    if (M_f<M_f0)
        r_tr=R_max*pow(M_f/M_f0,1.0/3.0);
    else
        r_tr=R_max;
/* Ermittlung der Trockenspiegeltemperatur nach der Lage                     */
    ceill =ceil(r_tr/R_max*i_max);
    floorr=floor(r_tr/R_max*i_max);
    if(fabs(ceill-r_tr/R_max*i_max)<fabs(r_tr/R_max*i_max-floorr))
        ii=ceill;
    else
        ii=floorr;
    theta_tr=theta_k[ii];
/* Ermittlung der Leistungsdichte für die Verdampfung                        */
    for (i=0;i<=i_max;i++)
    {
        W_verd[i]=0.0;
    }
    if(ii==0)
        W_verd[ii]=-m_wd*3.0*pow(r_tr,2.0)/pow(R_max,3.0)/pow(dr_norm/2.0, 3.0)*2256.7*1000.0;
    else if(ii==i_max)
        W_verd[ii]=-m_wd*3.0*pow(r_tr,2.0)/pow(R_max,3.0)/(1.0-pow((1.0-dr_norm/2.0),3.0))*2256.7*
        1000.0;
    else
        W_verd[ii]=-m_wd*3.0*pow(r_tr,2.0)/pow(R_max,3.0)/(pow((r_norm[ii]+dr_norm/2.0),3.0)-
        pow((r_norm[ii]-dr_norm/2.0),3.0))*2256.7*1000.0;
/*----------------------------------------------------------------------------*/
/* Temperaturfeldberechnung                                                   */
/*----------------------------------------------------------------------------*/
    for (i=0;i<=i_max;i++)
    {
        W_reakt[i]=0.0;
        W_zk[i]=0.0;
        W_quench[i]=0.0;
        h_kond[i]=0.0;
    }
/* Randbedingung 2. Art für Symmetrie, q = 0                                  */
    theta_kneu[0]=theta_k[0]+lambda_k[0]*(theta_k[1]-theta_k[0])*6.0*dt/rho_k/cp[0]/(dr_norm*
    R_max)/(dr_norm*R_max)-alpha_wqi[0]*r_norm[0]*R_max*r_norm[0]*(theta_k[0]-theta_g);
/* Randbedingung 3. Art                                                       */
    rr=R_max-dr_norm*R_max/2.0;
    if(alpha_wqi[i_max]!=0)
        alpha=alpha_wqi[i_max];
    theta_kneu[i_max]=theta_k[i_max]+3.0*dt/rho_k/cp[i_max]/(pow(R_max,3.0)-pow(rr,3.0))*(alpha*
    pow(R_max,2.0)*(theta_g-theta_k[i_max])-lambda_k[i_max]*pow(rr,2.0)*(theta_k[i_max]-
    theta_k[i_max-1])/(dr_norm*R_max));
    Q=Q+4.0*pi*dt*alpha*pow(R_max,2.0)*(theta_g-theta_k[i_max]);
/* Temperaturberechnung an den inneren Punkten, Wärmeleitung                  */
    for (i=1;i<i_max;i++)
    {
        D[i]=lambda_k[i]*pow((r_norm[i]*R_max+dr_norm*R_max/2.0),2.0)/pow((dr_norm*R_max),2.0)*
        (theta_k[i+1]-theta_k[i])-lambda_k[i]*pow((r_norm[i]*R_max-dr_norm*R_max/2.0),2.0)/
        pow(dr_norm*R_max,2.0)*(theta_k[i]-theta_k[i-1])-alpha_wqi[i]*r_norm[i]*R_max*r_norm[i]*
        (theta_k[i]-theta_g);
```

```
            theta_kneu[i]=theta_k[i] + dt/rho_k/cp[i]*(D[i]/pow(r_norm[i]*R_max, 2.0));
        }
/* Überlagerung der latenten Energien                                                          */
        for (i=0;i<=i_max;i++)
        {
            theta_lat=theta_kneu[i];
            if (t<=(t_vw+t_r))
                W_reakt[i]=RW*rho_k*rho_0/(rho_0-m_verl)*(K6/K5/K7*exp(K6/K5*(1.0-exp((theta_lat-
                20.0)/K7)))*exp((theta_lat-20.0)/K7))*(theta_lat-theta_k[i])/dt;
            if(t>(t_vw+t_r) && t<=(t_vw+t_r+t_wq) && theta_kneu[i]>100.0)
                W_quench[i]=-m_wq*2256.7*1000.0*rho_k*rho_0/(rho_0-m_verl)/t_wq*i*(pow((r_norm[i]+
                dr_norm/2.0),3.0)-pow((r_norm[i]-dr_norm/2.0),3.0));
            if(t>(zk*t_zkint) && t<=(zk*t_zkint+t_zk) && zk<=zkmax && theta_kneu[0]>100.0)
                W_zk[i]=-m_zk*2256.7*1000.0*rho_k*rho_0/(rho_0-m_verl)/t_zk*i*(pow((r_norm[i]+
                dr_norm/2.0),3.0)-pow((r_norm[i]-dr_norm/2.0),3.0));
            if(t>t_vw+t_r && t_wq!=0 && theta_k[i]<100.0 && kond[i]==0)
            {
                h_kond[i]=(X_wq-w_E/(1.0-w_E))*rho_k*2256.7*1000.0;
kond[i]=1;
            }
    else h_kond[i]=0;
            W_tot[i]=W_verd[i]+W_reakt[i]+W_quench[i]+W_zk[i];
            theta_lat=theta_kneu[i] + (W_tot[i]*dt+h_kond[i])/rho_k/cp[i];
            h_verd[i]=h_verd[i] + W_verd[i]/rho_k/rho_0*(rho_0-m_verl)*dt;
            h_reakt[i]=h_reakt[i]+ W_reakt[i]/rho_k/rho_0*(rho_0-m_verl)*dt;
            h_quench[i]=h_quench[i]+W_quench[i]/rho_k/rho_0*(rho_0-m_verl)/m_wq*dt/i/(pow((r_norm[i]+
            dr_norm/2.0),3.0)-pow((r_norm[i]-dr_norm/2.0),3.0));
            h_zk[i]=h_zk[i]+W_zk[i]/rho_k/rho_0*(rho_0-m_verl)/m_zk*dt/i/(pow((r_norm[i]+dr_norm/2.0),
            3.0)-pow((r_norm[i]-dr_norm/2.0),3.0));
            theta_kneu[i]=theta_lat;
        }
        for (i=0;i<=i_max;i++)
        {
            theta_k[i]=theta_kneu[i];
        }
    }
    printf("\n");
/*--------------------------------------------------------------------------------------------*/
/**********************************************************************************************/
/*--------------------------------------------------------------------------------------------*/
}
```

B. Programm zur Berechnung des Temperaturfelds, FEM

Programm zur Berechnung der Gitterpunkte

```
#include<stdio.h>
#include<math.h>
#include<stdlib.h>
#include<strings.h>
#include<stddef.h>
#include<sys/stat.h>
main()
{
/*-------------------------------------------------------------------------------------------*/
/*******************************************************************************************/
/* programm zur berechnung der gitterpunkte eines nicht rotationssymmetrischen achtel-ellipsoids   */
/*******************************************************************************************/
/*-------------------------------------------------------------------------------------------*/
/* definition der variablen                                                                  */
/*-------------------------------------------------------------------------------------------*/
     int i=0,j=0,k=0,l=1;
     float x,y,z,fkt;
     float a=0.005,b=0.0035,c=0.004;                  /* laenge der halbachsen                    */
     float xstep=0.00005,ystep=0.00005,zstep=0.00005; /* gitterweiten                             */
     int nx,ny,nz;
     nx = (a/xstep + 0.5) + 1;
     ny = (b/ystep + 0.5) + 1;
     nz = (c/zstep + 0.5) + 1;
/*-------------------------------------------------------------------------------------------*/
/* berechnung der gitterpunkte                                                               */
/*-------------------------------------------------------------------------------------------*/
     for(i=1;i<=nx;i++)
     {
       x = (i-1)*xstep;
       for(j=1;j<=ny;j++)
       {
         y = (j-1)*ystep;
         for(k=1;k<=nz;k++)
         {
           z = (k-1)*zstep;
           fkt = (x*x)/(a*a) + (y*y)/(b*b) + (z*z)/(c*c);
           if(fkt<=1)
           {
             printf("\nK,%i,%f,%f,%f",l,x,y,z);
             l = l + 1;
           }
         }
       }
     }
     printf("\n");
/* berechnung von ursprung und punkten auf der ellipt. flaeche -------------------------------------*/
     printf("\nK,0,%f,%f,%f",x,y,z);
     for(i=1;i<=nx;i++)
     {
       x = (i-1)*xstep;
       for(j=1;j<=ny;j++)
       {
         y = (j-1)*ystep;
         nr = 1 - ((x*x)/(a*a) + (y*y)/(b*b));
         if(nr>=0)
```

```
        {
        z = c * sqrt(nr);
        printf("\nK,0,%f,%f,%f",x,y,z);
        }
      }
    }
/* berechnung von ursprung und ellipsen mit x,y,z step = 0.00005 -----------------------------------*/
    printf("\nK,0,%f,%f,%f",x,y,z);
    z = 0;
    for(i=1;i<=nx;i++)
    {
      x = (i-1)*xstep;
      y = b * sqrt(1 - ((x*x)/(a*a)));
      printf("\nK,0,%f,%f,%f",x,y,z);
    }
    y = 0;
    for(i=1;i<nx;i++)
    {
      x = (i-1)*xstep;
      z = c * sqrt(1 - ((x*x)/(a*a)));
      printf("\nK,0,%f,%f,%f",x,y,z);
    }
    x = 0;
    for(j=2;j<ny;j++)
    {
      y = (j-1)*ystep;
      z = c * sqrt(1 - ((y*y)/(b*b)));
      printf("\nK,0,%f,%f,%f",x,y,z);
    }
/* berechnung von ellipsen auf der ellipt. flaeche mit x,y,z step = 0.0002 -------------------------*/
    for(k=1;k<nz;k++)
    {
      z = (k-1)*zstep;
      nr = sqrt(1-((z*z)/(c*c)));
      atemp = a*nr;
      btemp = b*nr;
      nx = (atemp/xstep) + 1;
      ny = (btemp/ystep) + 1;
    for(i=1;i<=nx;i++)
    {
      x = (i-1)*xstep;
      y = btemp * sqrt(1 - ((x*x)/(atemp*atemp)));
      printf("\nK,0,%f,%f,%f",x,y,z);
    }
    for(j=1;j<=ny;j++)
    {
      y = (j-1)*ystep;
      x = atemp * sqrt(1 - ((y*y)/(btemp*btemp)));
      printf("\nK,0,%f,%f,%f",x,y,z);
    }
    }
    printf("\nK,0,0.000000,0.000000,0.004000");
/*-----------------------------------------------------------------------------------------------*/
/*************************************************************************************************/
/*-----------------------------------------------------------------------------------------------*/
}
```

Programmcode Ansys FEM

```
/BATCH
/COM,ANSYS RELEASE  5.7.1
/input,menust,tmp     ,  ,,,,,,,,,,,,,,,1
/GRA,POWER
/GST,ON
/PLO,INFO,3
/COL,PBAK,ON,1,BLUE
/PREP7

! EINLESEN DER ZUVOR BERECHNETEN INNEREN GITTERPUNKTE


SAVE
/NUMBER,1                        !* nummerierung ausschalten
/REPLOT  /PLOPTS,INFO,0  /PLOPTS,TITLE,0  /PLOPTS,MINM,0  /PLOPTS,LOGO,0  /REPLOT
LSTR,     103,       1           !* linien erzeugen
LSTR,       1,       2
FLST,3,71,3                      !* keypoints auf ellipsen waehlen
FITEM,3,103 FITEM,3,203 FITEM,3,204 FITEM,3,205 FITEM,3,206 FITEM,3,207 FITEM,3,208 FITEM,3,209
FITEM,3,210 FITEM,3,211 FITEM,3,212 FITEM,3,213 FITEM,3,214 FITEM,3,215 FITEM,3,216 FITEM,3,217
FITEM,3,218 FITEM,3,219 FITEM,3,220 FITEM,3,221 FITEM,3,222 FITEM,3,223 FITEM,3,224 FITEM,3,225
FITEM,3,226 FITEM,3,227 FITEM,3,228 FITEM,3,229 FITEM,3,230 FITEM,3,231 FITEM,3,232 FITEM,3,233
FITEM,3,234 FITEM,3,235 FITEM,3,236 FITEM,3,237 FITEM,3,238 FITEM,3,239 FITEM,3,240 FITEM,3,241
FITEM,3,242 FITEM,3,243 FITEM,3,244 FITEM,3,245 FITEM,3,246 FITEM,3,247 FITEM,3,248 FITEM,3,249
FITEM,3,250 FITEM,3,251 FITEM,3,252 FITEM,3,253 FITEM,3,254 FITEM,3,255 FITEM,3,256 FITEM,3,257
FITEM,3,258 FITEM,3,259 FITEM,3,260 FITEM,3,261 FITEM,3,262 FITEM,3,263 FITEM,3,264 FITEM,3,265
FITEM,3,266 FITEM,3,267 FITEM,3,268 FITEM,3,269 FITEM,3,270 FITEM,3,271
FITEM,3,2
BSPLIN, ,P51X                    !* spline (ellipse) erzeugen
LSTR,       1,     102
FLST,3,101,3
FITEM,3,103 FITEM,3,104 FITEM,3,105 FITEM,3,106 FITEM,3,107 FITEM,3,108 FITEM,3,109 FITEM,3,110
FITEM,3,111 FITEM,3,112 FITEM,3,113 FITEM,3,114 FITEM,3,115 FITEM,3,116 FITEM,3,117 FITEM,3,118
FITEM,3,119 FITEM,3,120 FITEM,3,121 FITEM,3,122 FITEM,3,123 FITEM,3,124 FITEM,3,125 FITEM,3,126
FITEM,3,127 FITEM,3,128 FITEM,3,129 FITEM,3,130 FITEM,3,131 FITEM,3,132 FITEM,3,133 FITEM,3,134
FITEM,3,135 FITEM,3,136 FITEM,3,137 FITEM,3,138 FITEM,3,139 FITEM,3,140 FITEM,3,141 FITEM,3,142
FITEM,3,143 FITEM,3,144 FITEM,3,145 FITEM,3,146 FITEM,3,147 FITEM,3,148 FITEM,3,149 FITEM,3,150
FITEM,3,151 FITEM,3,152 FITEM,3,153 FITEM,3,154 FITEM,3,155 FITEM,3,156 FITEM,3,157 FITEM,3,158
FITEM,3,159 FITEM,3,160 FITEM,3,161 FITEM,3,162 FITEM,3,163 FITEM,3,164 FITEM,3,165 FITEM,3,166
FITEM,3,167 FITEM,3,168 FITEM,3,169 FITEM,3,170 FITEM,3,171 FITEM,3,172 FITEM,3,173 FITEM,3,174
FITEM,3,175 FITEM,3,176 FITEM,3,177 FITEM,3,178 FITEM,3,179 FITEM,3,180 FITEM,3,181 FITEM,3,182
FITEM,3,183 FITEM,3,184 FITEM,3,185 FITEM,3,186 FITEM,3,187 FITEM,3,188 FITEM,3,189 FITEM,3,190
FITEM,3,191 FITEM,3,192 FITEM,3,193 FITEM,3,194 FITEM,3,195 FITEM,3,196 FITEM,3,197 FITEM,3,198
FITEM,3,199 FITEM,3,200 FITEM,3,201 FITEM,3,202 FITEM,3,102
BSPLIN, ,P51X
FLST,3,101,3
FITEM,3,2   FITEM,3,3   FITEM,3,4   FITEM,3,5   FITEM,3,6   FITEM,3,7   FITEM,3,8   FITEM,3,9
FITEM,3,10  FITEM,3,11  FITEM,3,12  FITEM,3,13  FITEM,3,14  FITEM,3,15  FITEM,3,16  FITEM,3,17
FITEM,3,18  FITEM,3,19  FITEM,3,20  FITEM,3,21  FITEM,3,22  FITEM,3,23  FITEM,3,24  FITEM,3,25
FITEM,3,26  FITEM,3,27  FITEM,3,28  FITEM,3,29  FITEM,3,30  FITEM,3,31  FITEM,3,32  FITEM,3,33
FITEM,3,34  FITEM,3,35  FITEM,3,36  FITEM,3,37  FITEM,3,38  FITEM,3,39  FITEM,3,40  FITEM,3,41
FITEM,3,42  FITEM,3,43  FITEM,3,44  FITEM,3,45  FITEM,3,46  FITEM,3,47  FITEM,3,48  FITEM,3,49
FITEM,3,50  FITEM,3,51  FITEM,3,52  FITEM,3,53  FITEM,3,54  FITEM,3,55  FITEM,3,56  FITEM,3,57
FITEM,3,58  FITEM,3,59  FITEM,3,60  FITEM,3,61  FITEM,3,62  FITEM,3,63  FITEM,3,64  FITEM,3,65
FITEM,3,66  FITEM,3,67  FITEM,3,68  FITEM,3,69  FITEM,3,70  FITEM,3,71  FITEM,3,72  FITEM,3,73
FITEM,3,74  FITEM,3,75  FITEM,3,76  FITEM,3,77  FITEM,3,78  FITEM,3,79  FITEM,3,80  FITEM,3,81
FITEM,3,82  FITEM,3,83  FITEM,3,84  FITEM,3,85  FITEM,3,86  FITEM,3,87  FITEM,3,88  FITEM,3,89
FITEM,3,90  FITEM,3,91  FITEM,3,92  FITEM,3,93  FITEM,3,94  FITEM,3,95  FITEM,3,96  FITEM,3,97
FITEM,3,98  FITEM,3,99  FITEM,3,100 FITEM,3,101 FITEM,3,102
BSPLIN, ,P51X
SAVE
FLST,2,3,4                       !* linien waehlen
FITEM,2,1   FITEM,2,5   FITEM,2,4
AL,P51X                          !* flaeche erzeugen
FLST,2,3,4
```

```
FITEM,2,1   FITEM,2,3   FITEM,2,2
AL,P51X
FLST,2,3,4  FITEM,2,2   FITEM,2,4   FITEM,2,6
AL,P51X
KDELE,ALL                        !* keypoints loeschen
SAVE

! EINLESEN DER ZUVOR BERECHNETEN GITTERPUNKTE AUF DER OBERFLÄCHE


SAVE
FLST,3,26,3                      !* keypoints auf hilfslinien waehlen
FITEM,3,3   FITEM,3,4   FITEM,3,5   FITEM,3,6   FITEM,3,7   FITEM,3,8   FITEM,3,9   FITEM,3,10
FITEM,3,11  FITEM,3,12  FITEM,3,13  FITEM,3,14  FITEM,3,15  FITEM,3,16  FITEM,3,17  FITEM,3,18
FITEM,3,19  FITEM,3,20  FITEM,3,21  FITEM,3,22  FITEM,3,23  FITEM,3,24  FITEM,3,25  FITEM,3,26
FITEM,3,27  FITEM,3,28
BSPLIN, ,P51X                    !* hilfslinie erzeugen
FLST,3,26,3
FITEM,3,29  FITEM,3,30  FITEM,3,31  FITEM,3,32  FITEM,3,33  FITEM,3,34  FITEM,3,35  FITEM,3,36
FITEM,3,37  FITEM,3,38  FITEM,3,39  FITEM,3,40  FITEM,3,41  FITEM,3,42  FITEM,3,43  FITEM,3,44
FITEM,3,45  FITEM,3,46  FITEM,3,47  FITEM,3,48  FITEM,3,49  FITEM,3,50  FITEM,3,51  FITEM,3,52
FITEM,3,53  FITEM,3,54
BSPLIN, ,P51X
FLST,3,26,3
FITEM,3,55  FITEM,3,56  FITEM,3,57  FITEM,3,58  FITEM,3,59  FITEM,3,60  FITEM,3,61  FITEM,3,62
FITEM,3,63  FITEM,3,64  FITEM,3,65  FITEM,3,66  FITEM,3,67  FITEM,3,68  FITEM,3,69  FITEM,3,70
FITEM,3,71  FITEM,3,72  FITEM,3,73  FITEM,3,74  FITEM,3,75  FITEM,3,76  FITEM,3,77  FITEM,3,78
FITEM,3,79  FITEM,3,80
BSPLIN, ,P51X
FLST,3,26,3
FITEM,3,81  FITEM,3,82  FITEM,3,83  FITEM,3,84  FITEM,3,85  FITEM,3,86  FITEM,3,87  FITEM,3,88
FITEM,3,89  FITEM,3,90  FITEM,3,91  FITEM,3,92  FITEM,3,93  FITEM,3,94  FITEM,3,95  FITEM,3,96
FITEM,3,97  FITEM,3,98  FITEM,3,99  FITEM,3,100 FITEM,3,101 FITEM,3,104 FITEM,3,105 FITEM,3,106
FITEM,3,107 FITEM,3,108
BSPLIN, ,P51X
FLST,3,26,3
FITEM,3,109 FITEM,3,110 FITEM,3,111 FITEM,3,112 FITEM,3,113 FITEM,3,114 FITEM,3,115 FITEM,3,116
FITEM,3,117 FITEM,3,118 FITEM,3,119 FITEM,3,120 FITEM,3,121 FITEM,3,122 FITEM,3,123 FITEM,3,124
FITEM,3,125 FITEM,3,126 FITEM,3,127 FITEM,3,128 FITEM,3,129 FITEM,3,130 FITEM,3,131 FITEM,3,132
FITEM,3,133 FITEM,3,134
BSPLIN, ,P51X
FLST,3,25,3
FITEM,3,135 FITEM,3,136 FITEM,3,137 FITEM,3,138 FITEM,3,139 FITEM,3,140 FITEM,3,141 FITEM,3,142
FITEM,3,143 FITEM,3,144 FITEM,3,145 FITEM,3,146 FITEM,3,147 FITEM,3,148 FITEM,3,149 FITEM,3,150
FITEM,3,151 FITEM,3,152 FITEM,3,153 FITEM,3,154 FITEM,3,155 FITEM,3,156 FITEM,3,157 FITEM,3,158
FITEM,3,159
BSPLIN, ,P51X
FLST,3,25,3
FITEM,3,160 FITEM,3,161 FITEM,3,162 FITEM,3,163 FITEM,3,164 FITEM,3,165 FITEM,3,166 FITEM,3,167
FITEM,3,168 FITEM,3,169 FITEM,3,170 FITEM,3,171 FITEM,3,172 FITEM,3,173 FITEM,3,174 FITEM,3,175
FITEM,3,176 FITEM,3,177 FITEM,3,178 FITEM,3,179 FITEM,3,180 FITEM,3,181 FITEM,3,182 FITEM,3,183
FITEM,3,184
BSPLIN, ,P51X
FLST,3,24,3
FITEM,3,185 FITEM,3,186 FITEM,3,187 FITEM,3,188 FITEM,3,189 FITEM,3,190 FITEM,3,191 FITEM,3,192
FITEM,3,193 FITEM,3,194 FITEM,3,195 FITEM,3,196 FITEM,3,197 FITEM,3,198 FITEM,3,199 FITEM,3,200
FITEM,3,201 FITEM,3,202 FITEM,3,203 FITEM,3,204 FITEM,3,205 FITEM,3,206 FITEM,3,207 FITEM,3,208
BSPLIN, ,P51X
FLST,3,24,3
FITEM,3,209 FITEM,3,210 FITEM,3,211 FITEM,3,212 FITEM,3,213 FITEM,3,214 FITEM,3,215 FITEM,3,216
FITEM,3,217 FITEM,3,218 FITEM,3,219 FITEM,3,220 FITEM,3,221 FITEM,3,222 FITEM,3,223 FITEM,3,224
FITEM,3,225 FITEM,3,226 FITEM,3,227 FITEM,3,228 FITEM,3,229 FITEM,3,230 FITEM,3,231 FITEM,3,232
BSPLIN, ,P51X
FLST,3,23,3
FITEM,3,233 FITEM,3,234 FITEM,3,235 FITEM,3,236 FITEM,3,237 FITEM,3,238 FITEM,3,239 FITEM,3,240
FITEM,3,241 FITEM,3,242 FITEM,3,243 FITEM,3,244 FITEM,3,245 FITEM,3,246 FITEM,3,247 FITEM,3,248
FITEM,3,249 FITEM,3,250 FITEM,3,251 FITEM,3,252 FITEM,3,253 FITEM,3,254 FITEM,3,255
BSPLIN, ,P51X
```

```
FLST,3,22,3
FITEM,3,256 FITEM,3,257 FITEM,3,258 FITEM,3,259 FITEM,3,260 FITEM,3,261 FITEM,3,262 FITEM,3,263
FITEM,3,264 FITEM,3,265 FITEM,3,266 FITEM,3,267 FITEM,3,268 FITEM,3,269 FITEM,3,270 FITEM,3,271
FITEM,3,272 FITEM,3,273 FITEM,3,274 FITEM,3,275 FITEM,3,276 FITEM,3,277
BSPLIN, ,P51X
FLST,3,21,3
FITEM,3,278 FITEM,3,279 FITEM,3,280 FITEM,3,281 FITEM,3,282 FITEM,3,283 FITEM,3,284 FITEM,3,285
FITEM,3,286 FITEM,3,287 FITEM,3,288 FITEM,3,289 FITEM,3,290 FITEM,3,291 FITEM,3,292 FITEM,3,293
FITEM,3,294 FITEM,3,295 FITEM,3,296 FITEM,3,297 FITEM,3,298 FITEM,3,299
BSPLIN, ,P51X
FLST,3,20,3
FITEM,3,300 FITEM,3,301 FITEM,3,302 FITEM,3,303 FITEM,3,304 FITEM,3,305 FITEM,3,306 FITEM,3,307
FITEM,3,308 FITEM,3,309 FITEM,3,310 FITEM,3,311 FITEM,3,312 FITEM,3,313 FITEM,3,314 FITEM,3,315
FITEM,3,316 FITEM,3,317 FITEM,3,318 FITEM,3,319
BSPLIN, ,P51X
FLST,3,19,3
FITEM,3,320 FITEM,3,321 FITEM,3,322 FITEM,3,323 FITEM,3,324 FITEM,3,325 FITEM,3,326 FITEM,3,327
FITEM,3,328 FITEM,3,329 FITEM,3,330 FITEM,3,331 FITEM,3,332 FITEM,3,333 FITEM,3,334 FITEM,3,335
FITEM,3,336 FITEM,3,337 FITEM,3,338
BSPLIN, ,P51X
FLST,3,18,3
FITEM,3,339 FITEM,3,340 FITEM,3,341 FITEM,3,342 FITEM,3,343 FITEM,3,344 FITEM,3,345 FITEM,3,346
FITEM,3,347 FITEM,3,348 FITEM,3,349 FITEM,3,350 FITEM,3,351 FITEM,3,352 FITEM,3,353 FITEM,3,354
FITEM,3,355 FITEM,3,356
BSPLIN, ,P51X
FLST,3,16,3
FITEM,3,357 FITEM,3,358 FITEM,3,359 FITEM,3,360 FITEM,3,361 FITEM,3,362 FITEM,3,363 FITEM,3,364
FITEM,3,365 FITEM,3,366 FITEM,3,367 FITEM,3,368 FITEM,3,369 FITEM,3,370 FITEM,3,371 FITEM,3,372
FITEM,3,373
BSPLIN, ,P51X
FLST,3,15,3
FITEM,3,374 FITEM,3,375 FITEM,3,376 FITEM,3,377 FITEM,3,378 FITEM,3,379 FITEM,3,380 FITEM,3,381
FITEM,3,382 FITEM,3,383 FITEM,3,384 FITEM,3,385 FITEM,3,386 FITEM,3,387 FITEM,3,388
BSPLIN, ,P51X
FLST,3,12,3
FITEM,3,389 FITEM,3,390 FITEM,3,391 FITEM,3,392 FITEM,3,393 FITEM,3,394 FITEM,3,395 FITEM,3,396
FITEM,3,397 FITEM,3,398 FITEM,3,399 FITEM,3,400
BSPLIN, ,P51X
FLST,3,9,3
FITEM,3,401 FITEM,3,402 FITEM,3,403 FITEM,3,404 FITEM,3,405 FITEM,3,406 FITEM,3,407 FITEM,3,408
FITEM,3,409
BSPLIN, ,P51X
LPLOT                          !* linien zeichnen
/VIEW,1,0.5,0.5,-0.5           !* ansicht
/VUP,1,Z
LPLOT                          !* linien zeichnen
FLST,2,3,4                     !* linien wählen
FITEM,2,3  FITEM,2,5  FITEM,2,6
AL,P51X                        !* fläche erzeugen
APLOT                          !* fläche zeichnen
FLST,2,25,4,ORDE,2
FITEM,2,1  FITEM,2,-25
LDELE,P51X                     !* linien löschen
KPLOT,ALL
FLST,2,371,3,ORDE,42
FITEM,2,1  FITEM,2,-2 FITEM,2,4  FITEM,2,-27 FITEM,2,30  FITEM,2,-53 FITEM,2,56  FITEM,2,-79
FITEM,2,82  FITEM,2,-107FITEM,2,110 FITEM,2,-133FITEM,2,136 FITEM,2,-158FITEM,2,161 FITEM,2,-183
FITEM,2,186 FITEM,2,-207FITEM,2,210 FITEM,2,-231FITEM,2,234 FITEM,2,-254FITEM,2,257 FITEM,2,-276
FITEM,2,279 FITEM,2,-297FITEM,2,299 FITEM,2,301 FITEM,2,-318FITEM,2,321 FITEM,2,-337FITEM,2,340
FITEM,2,-355FITEM,2,358 FITEM,2,-371FITEM,2,373 FITEM,2,375 FITEM,2,-387FITEM,2,390 FITEM,2,-399
FITEM,2,402 FITEM,2,-408
KDELE,P51X                     !* keypoints löschen
FLST,2,42,3,ORDE,41
FITEM,2,1  FITEM,2,-3 FITEM,2,28  FITEM,2,-29 FITEM,2,54  FITEM,2,-55 FITEM,2,80  FITEM,2,-81
FITEM,2,102 FITEM,2,-103FITEM,2,108 FITEM,2,-109FITEM,2,134 FITEM,2,-135FITEM,2,159 FITEM,2,-160
FITEM,2,184 FITEM,2,-185FITEM,2,208 FITEM,2,-209FITEM,2,232 FITEM,2,-233FITEM,2,255 FITEM,2,-256
FITEM,2,277 FITEM,2,-278FITEM,2,298 FITEM,2,300 FITEM,2,319 FITEM,2,-320FITEM,2,338 FITEM,2,-339
FITEM,2,356 FITEM,2,-357FITEM,2,372 FITEM,2,374 FITEM,2,388 FITEM,2,-389FITEM,2,400 FITEM,2,-401
```

```
FITEM,2,409
KDELE,P51X
FLST,2,4,5,ORDE,2                !* flächen wählen
FITEM,2,1   FITEM,2,-4
VA,P51X
VPLOT                            !* volumen erzeugen
SAVE
LESIZE,ALL,0.0005, , , ,1, , ,0,!* kantenlänge elemente: 0.5 mm
ET,1,SOLID90                     !* element typ
MSHKEY,0                         !* free
MSHAPE,1,3d                      !* tetrahedral 3d
CM,_Y,VOLU                       !* auswahl des volumens
VSEL, , , ,        1
CM,_Y1,VOLU
CHKMSH,'VOLU'
CMSEL,S,_Y
VMESH,_Y1                        !* diskretisierung
CMDELE,_Y
CMDELE,_Y1
CMDELE,_Y2
/UNITS,SI                        !* SI einheiten
TOFFST,273                       !* Celsius skala
MPTEMP,,,,,,,,
MPTEMP,1,20
MPTEMP,2,150
MPTEMP,3,250
MPDATA,KXX,1,,0.183              !* lambda
MPDATA,KXX,1,,0.11
MPDATA,KXX,1,,0.11
MPTEMP,,,,,,,,
MPTEMP,1,20                      !* temperaturtableau
MPTEMP,2,100  MPTEMP,3,150  MPTEMP,4,220  MPTEMP,5,230  MPTEMP,6,250
MPDATA,ENTH,1,,7.8886E-31        !* enthalpietableau (cpeff)
MPDATA,ENTH,1,,1.9E+08           !* endothermie: 158.2 kj/kg, 100-220 Cel
MPDATA,ENTH,1,,3.62E+08  MPDATA,ENTH,1,,5.47E+08  MPDATA,ENTH,1,,5.59E+08  MPDATA,ENTH,1,,5.81E+08
FLST,2,2357,2,ORDE,2             !* auswahl aller elemente
FITEM,2,1
FITEM,2,-2357
/GO
*DIM,exo,TABLE,6,1,1,TEMP,HGEN, !* erzeugung des wärmequelltableaus
BFE,P51X,HGEN, , %exo%
EXO(0,1,1) = 0  EXO(1,0,1) = 20  EXO(2,0,1) = 160  EXO(3,0,1) = 200
EXO(3,1,1) = 4.8E+06             !* exothermie: 150 kj/kg, 160-240 Cel
EXO(4,0,1) = 240                 !* verlauf: maximum bei 200 Cel
EXO(4,1,1) = 0
BFELIS, ALL
FINISH
/SOLU
FLST,2,3817,1,ORDE,2             !* auswahl aller knoten
FITEM,2,1   FITEM,2,-3817
IC,P51X,TEMP,25,                 !* anfangsbedingung
FLST,2,2,5,ORDE,2                !* auswahl der oberflächen für rb 3.art
FITEM,2,3   FITEM,2,-4
/GO
SFA,P51X, ,CONV,130,240          !* rb 3.art
/SOLU
SOLCONTROL,ON,0,
TIME,600                         !* tmax
AUTOTS,-1
DELTIM,1,0.0001,15,1             !* zeitschritte zur lösung
KBC,1                            !* stepped
TSRES,ERASE
ANTYPE,4
TRNOPT,FULL
LUMPM,0
THOPT,FULL,0.05,64, , ,
EQSLV, , ,0,
PRECISION,0
```

```
MSAVE,0
TOFFST,273,
OUTRES,ALL,ALL,                    !* speichern aller zwischenergebnisse
/STATUS,SOLU
SOLVE
FINISH
/POST1
SET,FIRST
/EFACE,1
PLNSOL,TEMP, ,0,
/PLOPTS,INFO,1                     !* legende
/PLOPTS,LEG1,0  /PLOPTS,LEG2,0  /PLOPTS,LEG3,1  /PLOPTS,FRAME,1  /PLOPTS,TITLE,0  /PLOPTS,MINM,1
/PLOPTS,LOGO,0  /PLOPTS,WINS,1  /PLOPTS,WP,0    /PLOPTS,DATE,2
/TRIAD,ORIG
/REPLOT
/VIEW,1,-0.3,1,-0.3
/VIE,1,-0.3
/VIEW,1,-0.3,1,-0.3
/VUP,1,Z
/FOC,  1,  0.197784756926E-02,  0.175385099655E-02,  0.141964442724E-02
/DIST, 1 ,0.729000,1
/REPLOT
FINISH
/POST26                            !* postprocessing
NSOL,2,1,TEMP, ,surf
NSOL,3,10,TEMP, ,core
NSOL,4,6,TEMP, ,betw
PLVAR,2,3,4, , , , , , , ,
FINISH
/POST1
/PLOPTS,INFO,1
/PLOPTS,LEG1,1
/PLOPTS,LEG2,0
/PLOPTS,LEG3,1
/PLOPTS,FRAME,1
/PLOPTS,DATE,0
/TRIAD,OFF
SET,FIRST
/EFACE,1
PLNSOL,TEMP, ,0,
/CONT,1,9,25, ,250
/COLOR,SMIN,BLUE
/COLOR,SMAX,RED
ANTIME,12,0.3, ,0,2,0,180
FINISH
/POST26
/AXLAB,X,
/AXLAB,Y,TEMP
/GTHK,AXIS,1
/GRTYP,0
/GROPT,ASCAL,ON  /GROPT,LOGX,OFF  /GROPT,AXDV,1  /GROPT,AXNM,ON  /GROPT,AXNSC,1,  /GROPT,DIG1,4,
/GROPT,DIG2,3,   /GROPT,DIVX,6    /GROPT,DIVY,5  /GROPT,REVX,0   /GROPT,LTYP,0
/XRANGE,0,180
/YRANGE,0,250,1
PLVAR,2,3,4, , , , , , , ,
NSOL,2,1,TEMP, ,surf  NSOL,3,10,TEMP, ,core  NSOL,4,6,TEMP, ,betw
PLVAR,2,3,4, , , , , , , ,
PRTIME,0,0,
NPRINT,1,
VARNAM, ,
LINES,500,
PRCPLX,0
PRVAR,2,3,4, , , ,
FINISH
! /EXIT,SOLU
```

Literaturverzeichnis

[And46] RB Anderson: *Modification of the Brunauer, Emmett and Teller Equation.* JACS, 68:686, **1946**.

[And03] BA Anderson, E Shimoni, R Liardon und TP Labuza: *The Diffusion Kinetics of Carbon Dioxide in Fresh Roasted and Ground Coffee.* J Food Eng, 59:71–78, **2003**.

[Aye65] G Ayerst: *Determination of the water activity of some hygroscopic food materials by a dew-point method.* J Sci Food Agric, 16:71, **1965**.

[Bae98] HD Baehr und K Stephan: *Wärme- und Stoffübertragung.* Springer Verlag, 3 Auflage, **1998**.

[Bag08] J Baggenstoss: *Influence of Water Quench Cooling on Properties of Roasted Coffee.* PhD Thesis, ETH Zürich, **2008**.

[Bal77] W Baltes: *Rösteffekte auf die Kaffeezusammensetzung.* 8th Coll. ASIC, 8:85–96, **1977**.

[Bal93] W Baltes und E Knoch: *Model reactions on roast aroma formation. XIII. The formation of some uncommon N-heterocyclic compounds and furans after roasting of tryptophan with reducing sugars and sugar degradation products.* Food Chem, 46(4):343–349, **1993**.

[Ber85] C van den Berg: *Properties of water in Foods*, Kapitel Development of BET-like Models for Sorption of Water on Foods, Theory and Relevance, Seiten 119–131. **1985**.

[Boe53] JH de Boer: *The Dynamical Character of Adsorption.* Clarendon Press, Oxford, **1953**.

[Boh92] C Bohnenstengel und W Baltes: *Model Reactions on Roast Aroma Formation.* Z Lebensm Unters Forsch, 194:366–371, **1992**.

[Bru45] S Brunauer: *The Adsorption of Gases and Vapors; Physical Adsorption*, Band 1. Princeton Univ Press, **1945**.

[Cas05] MD del Castillo, MH Gordon und JM Ames: *Peroxyl radical-scavenging activity of coffee brews.* Eur Food Res Technol, 221:471–477, **2005**.

[Cep99] E Cepeda, RO de Latierro, MJ San José und M Olazar: *Water sorption isotherms of roasted coffee and coffee roasted with sugar.* Int J Food Sci Techn, 34:287–290, **1999**.

[Cio05] M Cioroi: *The Study of the Antioxidant Activity Change of Melanoidins from Soluble Coffee Having Different Roasting Degrees.* In: *Macromolecules and Their Degradation Products in Food – Physiological, Analytical and Technological Aspects*, Band 1 der Reihe *Euro Food Chem XIII*, Seiten 342–345, **2005**.

[Cla87] RJ Clarke und R Macrae: *Coffee*, Band 2, Technology. Elsevier Applied Science, **1987**.

[Cla01] RJ Clarke und OG Vitzthum (Herausgeber): *Coffee – Recent Developments.* C.H.I.P.S., **2001**.

[DIN86] DIN / ISO 6673: *Rohkaffee. Bestimmung des Masseverlustes bei 105 °C.* Beuth, Berlin, **1986**.

[DKV09] Deutscher Kaffee-Verband DKV. www.kaffeeverband.de, **2009**.

[Dor05] JG Dorea und TH da Costa: *Is coffee a functional food?* Br J Nutr, 93(6):773–782, **2005**.

[Egg01] R Eggers, A Pietsch in: RJ Clarke und OG Vitzthum: *Coffee: recent developments*, Kapitel Technology I: Roasting. Blackwell Science, **2001**.

[Egg02] R Eggers, HK Cammenga, M von Blittersdorff, C Fischer und M Hobbie: *Bestimmung von veränderlichen Stoffeigenschaften in der Kaffeebohne während des Röstprozesses.* Technischer Bericht, AiF über FEI, **2002**.

[Fis05] C Fischer: *Kaffee – Änderung physikalisch-chemischer Parameter beim Rösten, Quenchen und Mahlen.* PhD Thesis, TU Carolo-Wilhelmina zu Braunschweig, **2005**.

[Fra17] J Fraunhofer: *Bestimmung des Brechungs- und Farbstreuvermögens verschiedener Glasarten.* Gilberts Annalen der Physik, 56:193–226, **1817**.

[Gei04] R Geiger: *Development of Coffee Bean Structure during Roasting – Investigation on Resistance and Driving Forces.* PhD Thesis, ETH Zürich, **2004**.

[Gni78] V Gnielinski: *Gleichungen zur Berechnung des Wärme- und Stoffaustausches in durchströmten und ruhenden Kugelschüttungen bei mittleren und großen Peclet-Zahlen.* verfahrenstechnik, 12(6):363–366, **1978**.

[Gni82] V Gnielinski: *Berechnung des Wärme- und Stoffaustauschs in durchströmten, ruhenden Schüttungen.* verfahrenstechnik, 16(1):36–39, **1982**.

[Gre77] L Greenspan: *Humidity fixed points of binary saturated aqueous solutions.* J Res Nat Bur Stand Sect A, 81:89–102, **1977**.

[Hay78] KI Hayakawa, J Matas und MP Hwang: *Moisture Sorption Isotherms of Coffee Products – A Research Note.* J Food Sci, Seiten 1026–1027, **1978**.

[Hei68] R Heiss und R Radtke: *Untersuchungen über die Vorgänge beim Rösten von Bohnenkaffee und Möglichkeiten, die Röstverfahren zu verbessern.* verfahrenstechnik, 2(11):474–480, **1968**.

[Hem89] WF Hemminger und HK Cammenga: *Methoden der thermischen Analyse.* Springer, **1989**.

[Her02] JA Hernández: *Etude de la torréfaction: modélisation et détermination du degré de torréfaction du café en temps réel.* PhD Thesis, ENSIA, http://www.ensia.infra.fr/jherp/thesecafe.html, **2002**.

[Her07] JA Hernández, B Heyd, C Irles, B Valdovinos und G Trystram: *Analysis of the heat and mass transfer during coffee batch roasting.* J Food Eng, 78:1141–1148, **2007**.

[Hey07] B Heyd, B Broyart, JA Hernández, B Valdovinos-Tijerino und G Trystram: *Physical Model of Heat and Mass Transfer in a Spouted Bed Coffee Roaster.* Drying Techn, 25:1243–1248, **2007**.

[Hin93] D Hinman: *CO_2 Sorption in Roast and Ground Coffee.* ASIC, 15:694–701, **1993**.

[Hor89] A Horsthemke: *Die Benetzbarkeit metallischer Oberflächen durch Wasser.* PhD Thesis, Fakultät für Maschinenwesen der Universität Hannover, **1989**.

[ICO09] International Coffee Organization ICO. www.ico.org, **2009**.

[Igl82] HA Iglesias und J Chirife: *Handbook of Food Isotherms: Water Sorption Parameters for Food and Food Components.* Acad Pr, New York, **1982**.

[Ill95] A Illy und R Viani (Herausgeber): *Espresso Coffee, the Chemistry of Quality.* Academic Press Limited, London, **1995**.

[Ill04] A Illy und R Viani (Herausgeber): *Espresso Coffee.* Academic Press Limited, London, 2. Auflage, **2004**.

[ISO94] ISO 11294: *Roasted ground coffee - Determination of moisture content - Method by determination of loss in mass at 103 °C (Routine method).* ISO Genf, **1994**.

[Jou00] Tea & Coffee Trade Journal: *Coffee Bean Temperature Behaviour in Batch Roasters Introduction.* Tea & Coffee Trade Journal, Juni **2000**.

[Lab85] TP Labuza, A Kraanane und JY Chen: *Effect of temperature on the moisture sorption isotherms and water activity shift of two dehydrated foods.* J Food Sci, 50:385–391, **1985**.

[Lab00] TP Labuza und LN Bell (Herausgeber): *Moisture Sorption: Practical Aspects of Isotherm Measurement and Use.* AACC, 2 Auflage, **2000**.

[Ler80a] CR Lerici, G Lercker, A Minguzzi und P Matassa: *Processi di trasformazione del caffè: aspetti chimici, fisici e tecnologici.* Industrie delle bevande, Seiten 232–238, Juni **1980**. Nota 3: Effetti della torrefazione sulla composizione chimica di alcune miscele di caffè.

[Ler80b] CR LERICI, M DALLA ROSA, E MAGNANINI und P FINI: *Processi di trasformazione del caffè: aspetti chimici, fisici e tecnologici.* Industrie delle bevande, Seiten 375–381, Oktober **1980**. Nota 4: Evoluzione di alcuni caratteri fisici del caffè durante la torrefazione.

[Lis92] B LISCIĆ, HM TENSI und W LUTY: *Theory and Technology of Quenching.* Springer Verlag, New York, **1992**.

[Lóp05] I LÓPEZ-GALILEA, MP DE PEÑA und C CID: *Influence of Preparation Method (Espresso vs. Filter) and Roasting Process on Antioxidant Properties of Coffee Brews.* In: *Macromolecules and Their Degradation Products in Food – Physiological, Analytical and Technological Aspects*, Band 2, Seiten 676–679, **2005**.

[Mai97a] HG MAIER ET AL.: *Zur umweltfreundlichen Bestimmung von Wasser in Kaffee. I. Rohkaffee.* Gordian, 97(4):44–47, **1997**.

[Mai97b] HG MAIER ET AL.: *Zur umweltfreundlichen Bestimmung von Wasser in Kaffee. II. Röstkaffee.* Gordian, 97(12):188–189, **1997**.

[Man99] L MANZOCCO, MC NICOLI und E MALTINI: *DSC Analysis of Maillard Browning and Procedural Effects.* J Food Proc Pres, 23:317–328, **1999**.

[Mar96] N MARTÍNEZ-NARRAVANTE und A CHIRALT: *Influence of roasting on the water sorption isotherms of nuts.* Food Sci Techn Int, 2:399–404, **1996**.

[Mas90] R MASSINI, MC NICOLI, A CASSARÁ und CR LERICI: *Study on Physical and Physicochemical Changes of Coffee Beans during Roasting.* Ital J Food Sci, 2:123–130, **1990**.

[Mei89] U MEISTER und R PUHLMANN: *Entgasungsverhalten von Röstkaffee.* Lebensmittelindustrie, Kaffee und Tee, 36(4):155–158, **1989**.

[Moh71] E MOHR: *Die Ermittlung des Röstgrades von Röst- und Extraktkaffee durch Farbwertmessungen und Ultraviolettspektroskopie.* KTM Kaffeeforschung, 21:3–6, **1971**.

[Mun97] M MUNARI, D MASTROCOLA, MC NICOLI und C SEVERINI: *Cinetiche di formazione delle sostanze volatili durante la tostatura del caffè.* Industrie Alimentari, 36:454–459, **1997**.

[Nic97] MC NICOLI, M ANESE, L MANZOCCO und CR LERICI: *Antioxidant Properties of Coffee Brews in Relation to the Roasting Degree.* Lebensm Wiss Techn, 30(3):292–297, **1997**.

[Nuk66] S NUKIYAMA: *The maximum and minimum values of the heat Q transmitted from metal to boiling water under atmospheric pressure.* Int J Heat Mass Transf, 9:1419–1433, **1966**. translated from J Jap Soc Mech Engrs 37, 364-374, 1934.

[Oos03] A OOSTERVELD, AGJ VORAGEN und HA SCHOLS: *Effect of roasting on the carbohydrate composition of Coffea arabica beans.* Carbohydr Polym, 54(2):183–192, **2003**.

[Ort98] MD ORTOLÁ, L LONDOÑO, CL GUITÉRREZ und A CHIRALT: *Influence of Roasting Temperature on Physicochemical Properties of Different Coffees (Influencia de la Temperatura de Tueste Sobre las Propiedades Físico-químicas de Differentes Cafés).* Food Sci Techn Int, 4:59–66, **1998**.

[Oza65] T OZAWA: *A New Method of Analyzing Thermogravimetric Data.* Bull Chem Soc Japan, Seiten 1881–1886, **1965**.

[Pah91] M PAHL: *Zerkleinerungstechnik.* Verlag TÜV Rheinland, **1991**.

[Pat03] PATENT US 2003/6669979 B1, J ZHAO, TJ SLAGA, R AGARWAL und B SLAGA: *Method for promoting extraction of beneficial compounds into beverages naturally containig same, and for extending the duration of freshness of coffee*, 12 **2003**.

[Pat04] PATENT APPLICATION US 2004/0005398 A1, TJ SLAGA und J ZHAO: *Coffee processing method and coffee product*, 1 **2004**.

[Pat05] PATENT APPLICATION US 2005/0153050 A1, ONCOLOGY SCINCE CORP., AUSTIN TX (US), LM ZAPP, TJ SLAGA, J ZHAO und M LANGE: *Method for enhancing post-processing content of beneficial compounds in beverages naturally containig same*, 7 **2005**.

[Pel03] N PELLEGRINI, M SERAFINI, B COLOMBI, D DEL RIO, S SALVATORE, M BIANCHI und F BRIGHENTI: *Total Antioxidant Capacity of Plant Foods, Beverages and Oils Consumed in Italy Assessed by Three Different In Vitro Assays.* J Nutr, 133:2812–2819, **2003**.

[Per01] R PERREN, S SCHENKER und F ESCHER: *Mechanisms of Volume Expansion in Coffee Beans During Roasting.* In: *ASIC 19e Colloque, Trieste*, **2001**.

[Pit01a] P PITTIA, L MANZOCCO und MC NICOLI: *Effect of Roasting on the Thermal Properties of Coffee.* In: JM AMES (Herausgeber): *Melanoidins in Food and Health*, Band 3 der Reihe *COST Action 919*, Seiten 107–113, **2001**.

[Pit01b] P PITTIA, L MANZOCCO und MC NICOLI: *Thermophysical Properties of Coffee as Affected by Processing.* ASIC, **2001**.

[Pit01c] P PITTIA, M DALLA ROSA und CR LERICI: *Textural Changes of Coffee Beans as Affected by Roasting Conditions.* Lebensm Wiss Techn, 34:168–175, **2001**.

[Pit07] P PITTIA, MC NICOLI und G SACCHETTI: *Effect of Moisture and Water Activity on Textural Properties of Raw and Rosted Coffee Beans.* J Text Stud, 38:116–134, **2007**.

[Por90] C DA PORTO, MC NICOLI, C SEVIRINI, A SENSIDONI und CR LERICI: *Study on Physical and Physicochemical Changes of Coffee Beans during Roasting.* Ital J Food Sci, 3:197–207, **1990**.

[Qui05] EJ QUIRIJNS, AJB VAN BOXTEL, WKP VAN LOON und G VAN STRAATEN: *Sorption isotherms, GAB parameters and isosteric geat of sorption.* J Sci Food Agric, 85:1805–1814, **2005**.

[Rad75] R RADTKE: *Das Problem der CO_2-Desorption von Röstkaffee unter dem Gesichtspunkt einer neuen Packstoffentwicklung.* 7th Coll. ASIC, Seiten 323–333, **1975**.

[Rae81] A RAEMY: *Differential Thermal Analysis and Heat Flow Calorimetry of Coffee and Chicory Products.* Thermochimica Acta, 43:229–236, **1981**.

[Rae82] A RAEMY und P LAMBELET: *A Calometric Study of Self-Heating in Coffee and Chicory.* J Food Techn, 17:451–460, **1982**.

[Rah95] S RAHMAN (Herausgeber): *Food Properties Handbook.* CRC Press, Boca Raton, **1995**.

[Ros80] M DALLA ROSA, CR LERICI, M PIVA und P FINI: *Processi di trasformazione del caffè: aspetti chimici, fisici e tecnologici.* Industrie delle bevande, Seiten 466–472, Dezember **1980**. Nota 5: Evoluzione di alcuni cratteri fisici del caffè nel corso di trattamenti termici condotti a temperatura costante.

[Rot05] JB ROTHFOS und H LANGE (Herausgeber): *Kaffee – Die Zukunft*, Kapitel Technologie – Röstkaffee. Behr's Verlag Hamburg, **2005**.

[San81] JD SANTANILLA: *NMR-Untersuchungen über innere Bewegungen und über den Einbau von Wasser in Roh- und Röstkaffee.* Z Lebensm Unters Forsch, 172:173–177, **1981**.

[Sch38] R. SCHIRMER: *Die Diffusionszahl von Wasserdampf-Luftgemischen und die Verdampfungsgeschwindigkeit.* VDI Beiheft Verfahrenstechnik, Seite 170, **1938**.

[Sch88] E SCHOLZ: *Karl-Fischer-Titration in siedendem Methanol: Wasserbestimmung im Röstkaffee.* Deutsche Lebensmittel Rundschau, 84:80–82, **1988**.

[Sch90] M SCHEIKL und M DUNKY: *Softwareunterstützte statische und dynamische Kontaktwinkelmessmethoden bei der Benetzung von Holz.* Holz als Roh- und Werkstoff, 48:113–117, **1990**.

[Sch91] B SCHOLZ-BÖTTCHER: *Bildung von Säuren und Lactonen, insbesondere aus Chlorogensäure, beim Rösten von Kaffee.* PhD Thesis, Technische Universität Carolo-Wilhelmina zu Braunschweig, **1991**.

[Sch99] S Schenker, S Handschin, B Frey, R Perren und F Escher: *Structural Properties of Coffee Beans as Influenced by Roasting Conditions.* 18th Coll. ASIC, **1999**.

[Sch00a] S Schenker: *Investigations on the Hot Air Roasting of Coffee Beans.* PhD Thesis, ETH Zürich, **2000**.

[Sch00b] S Schenker, S Handschin, B Frey, R Perren und F Escher: *Pore Structure of Coffee Beans Affected by Roasting Conditions.* J Food Sci, 65:452–457, **2000**.

[Sch01] S Schenker und F Escher: *Impact of Roasting Temperature Profiles on Chemical Reaction Conditions in Coffee Beans.* In: *ASIC 19e Colloque, Trieste*, **2001**.

[Sch02] HG Schwartzberg, in: J Welti-Chanes, GV Barbosa-Canovas und JM Aguilera (Herausgeber): *Engineering and Food for the 21st century*, Kapitel Modeling bean heating during batch roasting of coffee beans, Seiten 871–890. CRC Press, Boca Raton, **2002**.

[Sch05] HG Schwartzberg: *Evolution of Coffee Roasting.* AICHE National Meeting, November **2005**.

[Shi00] E Shimoni und TP Labuza: *Degassing Kinetics and Sorption Equilibrium of Carbon Dioxide in Fresh Roasted and Ground Coffee.* J Food Proc Eng, 23:419–436, **2000**.

[Sho94] M Shoji und XY Zhang: *Study of contact angle Hysteresis (In Relation to Boiling Surface Wettability).* JSME International Journal Series B – Fluids and Thermal Engineering, 37(3):560–567, **1994**.

[Sin97] PC Singh, RK Singh, S Bhamidipati, SN Singh und P Barone: *Thermophysical Properties of Fresh and Roasted Coffee Powders.* J Food Proc Eng, 20:31–50, **1997**.

[Siv79] M Sivetz und NW Desrosier: *Coffee Technology* AVI Publishing Company Inc.- Westport, Conneticut, **1979**.

[Sma93] LE Small und RS Horrell: *High Yield Coffee Technology.* ASIC, 15:719–726, **1993**.

[Som03] V Somoza, M Lindenmeier, E Wenzel, O Frank, HF Erbersdobler und T Hofmann: *Activity-Guided Identification of a Chemopreventive Compound in Coffee Beverage Using in Vitro and in Vivo Techniques.* J Agric Food Chem, 51(23):[illegible], **2003**.

[Ste03] A Steer: *Physikalisch-chemische Parameter des Kaffeegetränkes und Untersuchungen zur Röstkaffee-Extraktion.* PhD Thesis, TU Braunschweig, **2003**.

[Sti95] M Stiess: *Mechanische Verfahrenstechnik.* Springer-Verlag, **1995**.

[Svi04] A Svilaas, AK Sakhi, LF Andersen, T Svilaas, EC Ström, DR Jacobs Jr., L Ose und R Blomhoff: *Intakes of Antioxidants in Coffee, Wine, and Vegetables Are Correlated with Plasma Carotenoids in Humans.* J Nutr, 134:562–567, **2004**.

[Tae04] D Taeymans, J Wood, P Ashby, I Blank, A Studer, RH Stadler, P Gondé, P van Eijck, S Lalljie und H Lingnert and: *A review of acrylamide: An industryperspective on research, analysis, formation, and control.* Crit Rev Food Sci Nutr, 44(5):323–347, **2004**.

[VDI91] VDI Verein Deutscher Ingenieure (Herausgeber): *VDI-Wärmeatlas.* VDI-Verlag, **1991**.

[Vin77] JC Vincent, JL Arjona, G Rios, H Gibert und G Roche: *Torréfaction du Café en Couche Fluidisée Gazeuse.* ASIC, 8:217–226, **1977**.

[Vya06] S Vyazovkin: *Model-free kinetics.* J Therm Anal Cal, 83(1):45–51, **2006**.

[Wil66] R Wilbaux und D Hahn: *Contribution a l'etude des phenomens intervenant au cours de la conservation du café vert.* Café Cacao Thé, 10:342–367, **1966**.

[Wur85] J Wurziger: *Zum Wassergehalt in Röstkaffees.* Kaffee Tee Markt, 35(8):3–6, **1985**.

[Zap05] J Zapp, M Cassano und P Moretti: *Determination of Radical Scavenging Capacities by Means of On-line Combination of HPLC with ABTS-Radical Bleaching Assay.* In: *Macromolecules and Their Degradation Products in Food – Physiological, Analytical and Technological Aspects*, Band 2, Seiten 692–695, **2005**.

Abbildungsverzeichnis

Tabellenverzeichnis

Index

Veröffentlichungen und Berichte

Teile der vorliegenden Arbeit gingen vorab in folgende Veröffentlichungen, Berichte und Vorträge ein.

1. M von Blittersdorff, M Hobbie, R Eggers, C Fischer, HK Cammenga, *Bestimmung von veränderlichen Stoffeigenschaften in der Kaffeebohne während des Röstprozesses.* FEI Bericht, 2002.
2. M von Blittersdorff, M Hobbie, R Eggers, *Wärme- und Stofftransport bei der Röstung von Kaffeebohnen.* CIT (74) 9, 2002.
3. M von Blittersdorff, R Eggers, *Röstung und Quenchkühlung von Kaffeebohnen.* Prozess und Produkt im Fokus der Gemeinschaftsforschung, FEI Dokumentation, Bonn, 2004.
4. R Eggers, M von Blittersdorff, C Fischer, HK Cammenga, *Temperature Field during Roasting and Cooling of Coffee Beans.* 20th ASIC Conf. Proc., 2004.
5. R Eggers, HK Cammenga, M von Blittersdorff, C Fischer, *Einfluss des Quenchprozesses auf das Mahlverhalten von Röstkaffee*, FEI Bericht, 2005.
6. R Eggers, M von Blittersdorff, *Temperature Field during Roasting and Cooling of Coffee Beans.* Euroth. Sem. 77 Conf. Proc., 2005.
7. R Eggers, *Röstkaffee.* In: JB Rothfos, *Kaffee – Die Zukunft.* Behr's Verlag, 2005.
8. M von Blittersdorff, R Eggers, *Heat Transfer Effects in Roast and Quench Processing of Coffee Beans.* ASIC Conf. Proc., 2006.

Vorträge

1. M von Blittersdorff, M Hobbie, R Eggers, *Wärme- und Stofftransport bei der Röstung von Kaffeebohnen.* GVC-Fachausschuss Lebensmittelverfahrenstechnik, Weimar, 2002.
2. M von Blittersdorff, S Voges, R Eggers, *Modellierung des Röstvorgangs in Kaffeebohnen.* GVC-Fachausschuss Lebensmittelverfahrenstechnik, Freising-Weihenstephan, 2003.
3. M von Blittersdorff, R Eggers, *Temperature Field during Roasting and Cooling of Coffee Beans.* Eurotherm Seminar, Parma, 2005.
4. M von Blittersdorff, R Eggers, *Wärme- und Stofftransportprozesse bei der Röstung und Quenchkühlung von Kaffeebohnen.* GVC-Fachausschuss Lebensmittelverfahrenstechnik, Reinbek, 2006.

Curriculum vitae

	Martin Frhr. von Blittersdorff
Geburtsdatum	20. August 1976, Hamburg
Staatsangehörigkeit	deutsch
Konfession	evangelisch-lutherisch
Familienstand	ledig

Berufstätigkeit	seit 09.2006	Prozessentwicklung Nestlé Nespresso, Nestlé Product Technology Centre, Orbe, Schweiz
	07.2001 - 05.2006	Wissenschaftlicher Mitarbeiter Technische Universität Hamburg-Harburg (TUHH), Institut für Thermische Verfahrenstechnik, Wärme- und Stofftransport, Prof. Dr.-Ing. R. Eggers
Studium	10.1995 - 06.2001	Verfahrenstechnik, TUHH, Nebenfächer Betriebswirtschaftslehre und Portugiesisch, Universität Hamburg
	06.2001	Diplomprüfung: Temperaturverlauf und -verteilung bei der Erstarrung fetthaltiger Schmelzen, Inst. f. Techn. Thermodynamik, TUHH
Praktika und Studienarbeiten	09.1999 - 03.2000	Verfahrensentwicklung: Erhöhung des Polyphenolgehalts von Extra Virgin Olivenöl, Unilever Research Vlaardingen, Niederlande
	08.1999	Studienarbeit: Kinetik der Speiseölbleichung, Vergleich von Rührkessel- und Blasensäulenreaktor, Inst. f. Thermische Verfahrenstechnik, TUHH
	04.1999 - 05.1999	Metallverarbeitung und Montage von Holzverarbeitungsmaschinen, Fa. Linck GmbH, Oberkirch
Schulbildung	1986 - 1995	Gymnasium Christianeum, Hamburg
	06.1995	Abitur
	1982 - 1986	Grundschule Windmühlenweg, Hamburg

Lausanne, am 21. Mai 2010